KB125910

함께 가요, 함께 가꿔요, 함께 지켜요

격렬비열도

이 도서의 국립중앙도서관 출판예정도서목록(CIP)은 서지정보유통지원시스템 홈페이지(http://
seoji.nl.go.kr)와 국가자료종합목록 구축시스템(http://kolis-net.nl.go.kr)에서 이용하실 수 있습
니다. CIP2020035975(양장), CIP2020035974(무선)

함께 가요, 함께 가꿔요, 함께 지켜요

격렬비열도

김정섭 지음

서해 끝단 무인도 문화·관광·생태·안보 콘텐츠 연구

한울
아카데미

격렬비열도로 초대합니다

　격렬비열도는 여러 이미지가 연상되는 독특한 그 이름만으로 뭔가 대단한 것을 품고 있는 섬입니다. 이름처럼 '새들이 열을 지어 날 듯' 망망대해 위에 떠 있는 외롭기 짝이 없는 무인도지만 최근 이슈로 떠올라 존재감만큼은 최고 수준으로 격상된 소중한 우리 영토입니다. 또한 다수의 찬란한 문명을 꽃피운 환황해권(環黃海權, pan-yellow sea area)의 중심으로서 역사적 중요성은 물론이고 환경·생태, 문화·예술, 관광 등 다양한 가치가 돋보이는 곳입니다. 중국과 매우 가까운 데다 한중 어업 분쟁의 중심지에 있어 외교·안보·해양 주권 면에서의 가치도 드높은 섬입니다.

　서식하는 어패류의 종과 개체수가 풍부해 황금어장으로 손꼽히는 곳이며 광물 매장량이 많은 해양자원의 보고이기도 합니다. 환경·생태적으로 난대식물의 북한계선이자 여느 해안이나 육지에서 보기 힘든 비경과 희귀 동식물을 품고 있는 보물섬입니다. 무엇보다도 극단의 사랑이 양립하는 '로맨스 섬'이라는 문학적 판

타지가 짙게 드리워 감수성 풍부한 사람들의 상상력과 욕망을 충분히 자극하는 곳이기도 합니다.

필자에게 이 섬은 이와 같은 중후한 담론을 품고 있는, 공익적 가치를 지닌 존재이자 언젠가 꼭 찾고 싶은 선망의 공간이었습니다. 적잖이 남아 있던 '문학 소년'의 DNA 탓인지 내내 가고 싶은 역이 '사평역'이었다면, 꼭 가고 싶은 섬은 단연 '격렬비열도'였습니다. 곽재구 시인의 「사평역에서」와 박정대 시인의 "내 청춘의 격렬비열도엔 아직도 음악 같은 눈이 내리지"라는 시구 때문이었습니다. 현실적으로 존재하든 상상만의 공간이든 그건 중요하지 않았습니다.

사평역은 경전선 남광주역이 모델이라는 설만 있지, 실제로는 상상 속의 역이었습니다. 격렬비열도는 실존하는 섬인데도 지도를 펴놓고 현지에 교통편을 수소문하면 실망스럽게도 "갈 수 없는 섬"이라는 답만 들려왔습니다. 아직 정기항로가 개설되지 않았기 때문입니다. 그럴수록 마음속에서는 섬에 가고 싶은 욕망과 섬이 자아내는 매력 지수가 더욱 높아졌습니다.

문화예술적인 측면의 매력 때문에 연구자가 개인적으로 애타게 찾은 이 섬은 어느새 세월이 흘러 '지켜야 할 우리 영토'라는 더 높은 층위의 당위성과 맞닿아 필자가 직접 연구에 뛰어들게 만들었습니다. 이루 말할 필요 없이 독도가 '꼭 지켜야 할 동쪽의 끝 섬'이라면 격렬비열도는 '반드시 지켜야 할 서쪽의 끝 섬'입니다. 그래서 연구에 착수한 이래, 지난 2년간 짬을 내서 줄기차게 달려왔습니다. 꾸준히 자료를 축적하고 시간이 허락할 때마다 태안 현지에 내려가 행정기관 관계자는 물론이고 주민들을 만나며 현장 조사를 했습니다. 그리하여 2019년 연말 결실을 맺고 마침표를 찍어, 2020년 이렇게 연구서를 출간하게 되었습니다.

이 책은 격렬비열도에 대한 종합 연구서입니다. 의미를 부여한다면 국내 최서단 무인도이자 환황해권 중심으로 떠오른 격렬비열도의 숨겨진 문화·관광·역사·생태·안보 콘텐츠를 심층적으로 탐구한 국내 최초의 연구서입니다. "뜨거운 독도 사랑처럼 격렬비열도를 모두 국가 소유로 전환하여 공적으로 관리하고, 섬에 국가기간 항만시설을 만들어 어떤 문제가 터지기 전에 미리 잘 지키자"라는 목소리가 높아지고 있습니다. 그런 목소리는 태안과 충청남도 전역을 넘어 전국으로 확산되고 언론과 정치권의 관심도 커져가는 중입니다. 장소성(場所性)을 비롯해 섬에 대한 의미 부여와 가치 격상은 최고조에 이르렀습니다. 그런데 국민들이 보이는 애정과 충정에 비해, 격렬비열도에 대한 깊이 있는 정보서나 연구서는 찾아보기 어려워 아쉬움이 많았습니다.

따라서 필자는 탐구해야 할 당위성과 그 가치를 깊이 고려하여 평소에 관심이 많았던 '내 마음속의 섬'이라는 내적 동기를 열정과 에너지로 삼아 용기 있게 연구에 도전했습니다. 시작부터 연구를 마무리하기까지 여러 번 계획이 틀어지는 등 험난한 과정의 연속이었습니다. 그러나 역사적·문화적·생태적·안보적으로 매우 중요한 과제임을 깨달았기 때문에 집념을 발휘해 연구를 완성할 수 있었습니다. 온전히 혼자만의 작업은 아니었습니다. 언뜻 무모하게 보였을 필자의 도전과 실험을 높이 평가하면서 음으로 양으로 많은 도움을 주신 분들이 있었기에 가능했습니다. 그들은 외로운 연구 과정에서 사실 가장 위로가 되는 친구들이었습니다.

이 책은 『조선왕조실록』 등 한문으로 기록된 옛 문헌에서 현대 문헌에 이르기까지 철저한 자료조사를 선행하고, 연관 논문, 단행본, 연구서 등을 종합적으로 분석한 뒤 태안과 그곳의 격렬비열도, 가의도 등에 대한 현장 조사에 착수해 주민과 관계자들을 직접 만나 생생한 정보를 수집하는 민속지학 방법으로 마무리했습니다. 연구 막바지에 이를 종합적으로 검토하고 주요 내용을 재확인하기 위해 마침내 2019년 11월 5일 태안군이 운용하는 어업지도선 '태안격비호'를 타고 격렬비열도로 질주해 3개 주요 섬의 안팎을 샅샅이 살펴봤습니다. 섬에 다녀온 후에도 섬의 가치, 청정성, 신비성, 원시성, 심미성 때문에 벅찬 감동을 지을 수가 없었습니다.

이 책은 모두 10장으로 구성했습니다.

1장 '우리는 왜 격렬비열도에 주목하는가'에서는 섬의 다양한 가치를 중점 고찰했습니다. 격렬비열도의 위상과 가치, 격렬비열도의 기본 현황과 정보를 수집해 분석하고, 지정학적으로 가장 중요한 최서단 서격렬비도의 민간인 소유주를 인터뷰해 섬을 보유하게 된 경위와 고충, 사연 등을 들어봤습니다.

2장 '7000만 년 파도에 아로새긴 화산섬의 역사'에서는 섬의 역사를 탐색하는 데 집중했습니다. 구체적으로 격렬비열도의 탄생과 지질·지리학적 연원, 섬이 탄생한 이후의 역사와 시대별 변천 및 발전 과정을 살펴봤습니다.

3장 '환황해권 문명과 외교·통상, 교류의 길목'에서는 주로 외교·통상과 문화교류의 측면에서 인접 국가와 펼친 활발한 교류의 역사를 고찰했습니다. 서해는 지중해처럼 다양한 문명을 번성시킨 내해(內海)로서, 대륙과 반도에 둘러싸인 바다입니다. 이 내해를 사행(使行)길로 잇는 태안 객관 '안흥정(安興亭)'의 실체와 의미뿐 아니라 사신·상인의 활발한 왕래, 밀입국과 약탈을 하는 중국인과 왜구의 출몰에 관해 분석했습니다.

4장 '험로 피해 500년 운하 논쟁에 불 지핀 수역'에서는 태안 해안과 격렬비열도 해역 사이에 놓인 유난히 험한 해저지형과 기후 때문에 눈에 띄게 잦았던 해난사고의 역사와 우여곡절이 많았던 수난(水難) 대책을 살펴봤습니다. 잦은 해상 참사로 세곡과 인명 피해가 컸던 '공포의 항로', 관수식 '탄포운하' 굴착 실패 후 '갑문식' 공법으로의 전환과 재도전, 탄포운하의 대안으로 시도된 '의항운하'와 '판목운하' 건설 순서로 접근했습니다.

5장 '영토 전쟁시대의 서해, 군사안보 요충 해역'에서는 과거의 사료와 문헌들을 분석해 격렬비열도와 주변 해역의 안보적 중요성과 가치를 다각도로 조명했습니다. 우리 안보를 잠재적으로 위협하는 대상은 바다를 맞대고 있는 북한과 중국입니다. 먼저 중국의 격렬비열도 매입 시도, 어업권 침탈 격화 실태를 관련 법률과 협정 등을 풀이하며 상세히 다뤘습니다. 이어 북한의 잦은 도발로 긴장을 늦출 수 없는 해역으로서 중요성을 다각도로 환기했습니다.

6장 '생태의 보고이자 난대식물의 북한계선'에서는 격렬비열도 주요 3개 섬의 환경적·생태적 가치를 고찰했습니다. 생태 보존의 가치가 높은 '특정도서'로서 북·동·서 격렬비도로 나눠 식생 현황과 가치를 분석했습니다.

7장 '풍성한 전통문화가 온존하는 해역'에서는 지역발전을 위한 문화적 스토리텔링의 근간이 되는 전통과 문화, 지역 예술을 세밀히 톺아보았습니다. 전통이 살아 있는 자염 염벗터·독살·산제·풍어제, 조선 정조가 대로해 태안 특산물의 진상을 금지한 사연, 도를 닦은 구렁이가 신선의 훈육에 따라 선박과 어부들을 삼켜버린 파도를 잠재우고 용(龍)으로 승천해 서해를 호령했다는 용굴 설화, 구절양장 서해의 수호신 '백룡(白龍)'과 향토사단 '백룡부대' 순서로 발굴한 비화를 객관적인 시각으로 분석했습니다.

8장 '44일간의 조난 사투, 12명의 목숨을 지켜준 섬'에서는 1978~1979년 한겨울에 발생해 전국을 경악케 한 동격렬비도 조난 사건을 재조명했습니다. 매우 놀랍고 섬뜩하지만 진한 휴머니즘이 작동한 실화입니다. 관계 기관의 자료를 분석하고 관련 인사들을 끈질기게 수소문해 사건의 실체를 정확히 파악하고자 노력했습니다. 고역스럽게 발품을 팔아 조난 사건에서 생존한 이들을 인터뷰해 44년 전 사고 상황을 듣고, 목격자들과 취재기자들까지 찾아내 당시 상황을 청취했습니다. 또한 정보공개 청구를 통해 당시 사건에 정확히 접근해 입체적으로 재조명하고자 했습니다.

9장 '문학적 메타포로 뜨거운 상상의 섬'에서는 지리적 의미의 섬이 아닌 창조적인 '문학적 이미지'이자 뜨겁게 불타오르는 '로맨스 판타지'로서의 격렬비열도를 조명하는 데 집중했습니다. 아울러 태안 지역의 섬에서 벗어나 전국의 섬으로 거듭나는 데 기여한 시(詩)를 모티브로 접근했습니다. 따라서 격렬비열도를 '격렬'과 '비열'이라는 양가적(兩價的) 사랑 감정이 너울거리는 '판타지의 섬'으로 승화시킨 시와 시인들을 조명했습니다. 그중에서도 섬의 존재를 전국에 알린 박정대 시인을 인터뷰해 감춰진 시작(詩作)의 배경과 시어들의 상징적 의미를 정교하게 해독하고자 했습니다.

10장 '우리는 언제 그 섬에 갈 수 있을까'에서는 격렬비열도의 미래에 초점을 맞췄습니다. 현재는 전국의 시민들에게 사실상 닫힌 섬이지만 머지않아 활짝 열린 섬으로서 기능할 가능성을 타진한 것입니다. 가슴 뛰는 생태관광지로 부상한 '서해의 독도', 영토주권 수호와 생태관광 활성화를 위한 플랜을 제시하는 것을 연구의 메시지로 정리하며 책을 마무리한 것입니다.

'비열함'이라고는 전혀 없이 '격렬함'만을 느꼈던 연구 여정이었습니다. 원고를 탈고하고 나니 수도 없이 겪어야 했던 어려움이 어느새 망각되어, 섬 이름처럼 새들이 정연하게 열을 지어 날아가듯 비교적 가지런한 비행이었다는 느낌입니다. 수업과 연구를 병행하여 서울과 태안, 태안과 인근 섬을 반복해 오가는 과정에서 배편을 예약해 두고도 배를 삼킬 듯한 거친 풍랑과 갑작스러운 태풍, 도무지 걷힐 기미가 없는 짙은 해무 때문에 발걸음을 돌린 적이 많았습니다. 그러나 신비로운 미지의 공간을 탐험하는 벅찬 마음은 이런 난관들을 가볍게 제압해 버렸습니다.

2년간 별 탈 없이 연구를 마친 것을 감사하게 생각합니다. 이 연구는 외부 기관이나 민간의 지원을 전혀 받지 않은, 공익 봉사 차원의 온전한 자비 연구임을 밝힙니다. 외부 개입이나 간섭을 배제하고 철저히 학자 입장에서 연구 관점과 내용 구성의 고유성, 독립성, 객관성을 유지하고자 그런 원칙을 실천했습니다.

연구에 도움을 주신 분들을 이 책 말미에 한 분 한 분 적어 감사의 마음을 전하고자 합니다. 특히 섬 탐방에 적잖이 협조해 주신 가세로 태안군수님을 비롯해 태안군 관계자분들은 물론이고 이 책을 출간하는 데 함께 지혜를 덧붙여 주시고 내내 수고해 주신 한울엠플러스(주) 김종수 대표님과 경영기획실, 편집부 여러분께도 감사의 말씀을 드립니다. 책 표지 그림과 함께 본문의 설명에 숨을 불어넣도록 동물 그림을 그려주신 KBS 김종욱 박사님께도 감사를 표합니다.

아무쪼록 이 연구서가 지역발전과 학계에 기여하는 것은 물론이고, 격렬비열도를 내내 그리워했던 분들에게 친절한 안내서가 되기를 소망합니다. 그래서 적극적으로 다양한 스토리를 발굴하고 카메라 렌즈로 선경과 비경을 한껏 담고자 노력했습니다. 특히 감정과 정서가 풍부해 로맨스 판타지가 그윽한 그곳으로 달려가고 싶은 분들, 맑고 깊은 나라 사랑을 발휘해 격렬비열도라는 우리 영토 지킴이 운동에 적극 동참하고 싶은 분들, 생태 여행으로 섬을 방문하고자 하는 분들께 유익하고 편리한 정보를 제공하는 길잡이가 되길 소망합니다. 격렬비열도에 대한 사랑과 탐험은 이제부터 시작됩니다. 감사합니다.

2020년 9월
김정섭

© 김종욱

6장 생태의 보고이자 난대식물의 북한계선

7장 풍성한 전통문화가 온존하는 해역

8장 44일간의 조난 사투, 12명의 목숨을 지켜준 섬

9장 문학적 메타포로 뜨거운 상상의 섬

10장 우리는 언제 그 섬에 갈 수 있을까

1장

삼각 편대를 이룬 서·북·동 격렬비도(뒤부터 시계 방향으로) ⓒ 태안군

우리는 왜
격렬비열도에 주목하는가

01

격렬비열도의 위상과 가치 바로 알기

'격렬비열도(格列飛列島)'는 충청남도 태안군 근흥면 가의도리에 있는 열도(列島)로 12개의 섬이 삼각형 모양으로 펼쳐져 있는 태고의 무인군도(無人群島)다. 북도(북격렬비도), 동도(동격렬비도), 서도(서격렬비도)의 3개 섬과 여기에 딸린 9개의 작은 부속 도서를 지칭한다. 전체 면적은 51만 4603m²로 독도(18만 7554m²)보다 2.7배 넓다. 이 가운데 서격렬비도는 우리나라(남한) 국토의 서쪽 끝에 있는 무인도다. 서격렬비도의 면적(0.19km²)은 동쪽 끝 독도와 비교하면 조금 넓은 수준이다. 격렬비열도는 멀리서 바라보면 서격렬비도를 선두로 12개의 섬들이 마치 새들이 열을 지어 날아가는 모습과 같다 하여 붙인 이름이다.

'열도(列島)'는 '일본열도', '쿠릴열도', '센카쿠열도'라는 용례에서처럼 '열을 지어 기다랗게 분포하고 있는 섬들'을 말한다. '격렬비(格列飛)'는 새들이 무리를 지어 날아가는 모양, 즉 '줄지어 날아갈 듯 떠 있는'이라는 의미로, 따라서 격렬비열도는 '새들이 줄지어 날아갈 듯 떠 있는 섬'이라는 뜻이다. 예부터 '격렬비도(格列飛島)', '격비도(格飛島)', '격비(格飛)'라는 한자어 외에 순우리말로는 '물치' 등으로도 불렸다. 2020년 현재, 격렬비열도에 가려면 정기적으로 운항하는 배편이 없기 때문에 태안 안흥항(安興港)이나 모항항에서 그때그때 임대하는 낚싯배나 스킨스쿠버용 유선을 이용해야 한다.

환황해권(環黃海權, pan-yellow sea area) 중심이라는 장소성을 지닌 격렬비열도는 지질의 특성상 선캄브리아기에서 중생대 백악기 후반에 이르는 7000만 년 전쯤 바다에서 화산이 폭발하면서 현무암, 유문암, 화산재가 쌓여 형성된 바위 섬이다. 조선시대에도 주변에 지진 발생 기록이 많았고 현대에 이르러서도 지난 30년간 지진이 10여 차례나 일어났을 정도로 지층이 불안정하다. 동경 125도 32분, 북위 36도 36분에 위치한 남한 최서단의 무인도(無人島)*로서, 유인도인 인천광역시 옹진군 백령면(백령도) 연화리 산보다 본토와 더 떨어져 있고, 가거도보

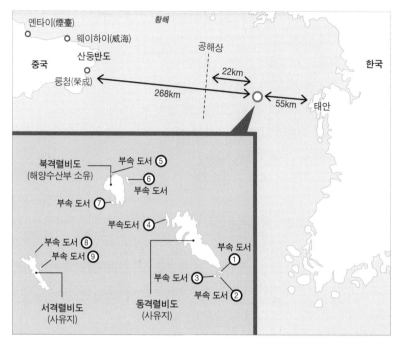

엔타이(煙臺)

웨이하이(威海)

황해

공해상

중국

산둥반도

한국

룽청(榮成)

22km

268km

55km 태안

북격렬비도
(해양수산부 소유)

부속 도서 ⑤

부속 도서 ⑥

부속 도서 ⑦

부속도서 ④

부속 도서 ⑧

부속 도서 ⑨

부속 도서 ①

부속 도서 ③

부속 도서 ②

서격렬비도
(사유지)

동격렬비도
(사유지)

■ 격렬비열도의 구성과 지정학적 위치

다 중국에 더 가까운 섬인 만큼, 예부터 새벽에 중국의 산둥반도(山東半島)에서 우는 닭 울음소리가 들린다는 이야기가 전해온다(권영현·이인배, 2012). 한반도 전체를 통틀어 서해 최서단 섬은 북한의 압록강 하구에 있는 평북 신도군 신도읍의 마안도(馬鞍島)로서 '비단섬'으로 불린다.

격렬비열도는 독도와 같이 우리나라 영해(領海)를 정하는 23개 기점 가운데 하나로 지정학적 가치가 매우 높은 섬이다. 중국이 기회를 엿보며 탐을 내고 있는 데

● 남·북한을 아울러 우리나라 영토 중 극서단(최서단)은 섬을 포함할 경우 압록강 하구인 평안북도 용천군 신도면 마안도(비단섬) 서측 수애선이고(국토부 국토지리정보원 2017년 5월 4일 발표 자료 기준: 동경 124도 10분 47초, 북위 39도 48분 10초, 고교 교과서 '지리부도' 기준: 동경 124도 10분 51초), 본토(육지) 기준으로는 평안북도 용천군 용천면 신흥동 하촌이다(국토지리정보원 2017년 발표 자료 기준: 동경 124도 18분 17초, 북위 39도 54분 23초, 『지리부도』 기준 동경 124도 18분 23초). 남한 지역만을 기준으로 섬을 포함할 경우 인천광역시 옹진군 백령면(백령도) 연화리 산268번지(국토지리정보원 2017년 발표 자료 기준: 동경 124도 36분 36초, 북위 37도 58분 14초)이다. 남한 최서단 섬인 백령도는 유인도(有人島)이므로 서격렬비도는 '남한 최서단 무인도'로 규정할 수 있다.

다 정치·안보, 경제, 문화·관광, 환경·생태적으로도 매우 중요한 가치가 있어 '서해의 독도'라 불린다. 우리가 대한민국 국민으로서 이 섬을 바르게 알고, 필자가 자료 발굴과 조사, 현장 답사, 심층 인터뷰 등을 모두 동원한 민속지학 연구를 통해 제대로 깊이 연구해야 할 이유이기도 하다.

따라서 이러한 가치가 점차 부각되면서 섬의 국유화와 공적관리를 통해 기본적인 항만시설과 편의시설을 갖추고 안보·생태·문화·관광을 아우르는 효율적 운용을 하자는 목소리가 높아지고 있다. 그러나 그동안은 상대적으로 독도만큼 도드라지고 예민한 이슈가 없어 널리 알려지지 않았으므로, 그 가치와 중요성이 국민들 사이에서 제대로 조명받지 못했다. 얼마 전까지만 해도 충남 태안이나 충남 지역에 국한되어 알려진 지역의 섬, 낚시 애호가나 스킨스쿠버 마니아에게 사랑받는 섬 정도로 알려져 전국적인 관심의 대상이 아니었다.

과거 한국과 중국의 사신이 왕래하고 해상무역의 뱃길이었던 동시에 현재 중국과의 영해의 경계가 되는 섬이다. 중국 어부들과 왜구들이 무분별하게 해안에 접안하거나 상륙하고 민간 약탈을 일삼아 조선왕조의 신경을 곤두서게 한 곳이기도 하다. 안보적인 측면에서는 중국의 산둥반도와 가장 가까운 거리(268km)에 있는 군사적 요충지로 6·25 전쟁 때 연합군과 중국이 전투지경선을 놓고 첨예하게 맞선 곳이다. 아울러 중국 어선의 잦은 불법조업 때문에 해양경찰이 24시간 감시하여 긴장감이 잠재한 곳이기도 하다.

격렬비열도는 행정구역상 가의도리(賈誼島里) 소속이다. 인근 섬 가의도(賈誼島)가 과거 중국인의 유배지였다는 설이 전해지면서 이런 구전을 빌미로 중국인들이 더욱 탐을 내며 접근하는 것을 경계해야 한다는 목소리도 적지 않다. 현행 국제법상 사람이 살지 않으면 단순한 바위(암초)로 취급하기 때문에 섬을 그냥 비워두면 영토로 인정받기 어려운 경우가 생기므로, 국가가 적극 나서 관리해야 한다는 것이다(최홍길, 2016). 우리나라 동쪽 끝에 있는 독도와 최남단 마라도는 주민들도 거주하고 노선을 허가해 관광선을 운행하고 있지만, 서해의 최서단 무인도인 격렬비열도는 사실상 방치되어 있다. 현재 격렬비열도 주요 3개 섬 가운데 북격렬비도만 정부(해양수산부)가 소유하고 있고, 서격렬비도와 동격렬비도는 개인 소유의 사유지라서 사실상 관리의 사각지대에 놓여 있다.

중국인들이 한때 중국 영토와 가장 가까운 서격렬비도 매입을 시도한 사실이 언론 보도를 통해 알려지면서 군사적·영토적·어업적으로 가치가 높은 이 섬의 매각을 막기 위한 정부의 밀도 있는 대책을 촉구하는 여론이 거셌다. 결국 정부는 영토 및 영해 주권을 강화하기 위해, 1995년 김영삼 정부 때 철수시켰던 등대원 세 명을 해양수산부 대산지방해양항만청 소속으로 20년 만에 다시 파견했다. 아울러 국토교통부는 2014년 12월 26일 서격렬비도를 '외국인 토지거래허가구역'●으로 지정함으로써 외국인이 정부의 허가를 받지 않으면 섬을 살 수

●   당시 '외국인 토지거래허가구역'으로 지정된 영해 기점 무인 도서는 서격렬비도 외에도 경북 포항의
    호미곶, 부산 해운대의 1.5m암, 부산 영도의 생도, 전남 여수 연도 해상의 간여암, 제주 추자도 인근의
    절명서, 전남 신안 가거도 인근의 소국흘도, 인천 덕적도 인근의 소령도이다.

▋ 북격렬비도 남서쪽에서 바라본 국토 최서단 서격렬비도 ©김정섭

▌서해 최서단 격렬비열도의 위상과 가치

정치	지정학적 측면: '서해의 독도'로서 위상과 가치가 급부상했다. 외교적 측면: 한중 사신이 자주 왕래한 역사적 교류 무대로, 우리나라 서해 영해의 기점이다. 군사전략적 측면: 대중·대북 안보의 전략적 요충지로 중국 측이 조선족 동포를 통해 사유지 서격렬비도와 동격렬비도를 매입하려 해, 한때 긴장이 고조되었다.
경제	한국·북한·중국·타이완 연안이 맞닿은 환황해경제권 중심지로, 역사성이 깊은 한중 무역의 길목이자 국가재정의 근간인 조운선 운항 해상로로, 배타적경제수역의 기점이며 현재는 중국 어선의 불법조업으로 어장권 침해가 잦은 곳이다. 한중 관계 진전에 따라 교역 등 경제적 가치가 급부상할 것으로 전망된다.
사회	예부터 해역 특성상 거친 풍랑과 해류로 해난 사고가 빈번한 지역이다. 안전한 조운을 위해 운하 굴착 논쟁과 시도가 오랫동안 있어왔다. 통관절차를 거치지 않는 밀수와 범죄자가 밀항해 도피하는 주요 경로이기도 하다. 태안 안면도 악초꾼들이 몰래 입도했다가 44일간 갇혔다 구조되기도 했다(1978~1979).
환경	중생대 백악기인 약 7000만 년 전에 화산이 분출하며 생긴 태고의 생태 도서이다. 난대식물의 북한계선이며 식물상·동물상이 다양하게 분포한다. 멸종위기종 자생지로서 환경부에 의해 특정도서로 지정된 곳이다. 2005년 '제1서해종합해양기상관측기지'가 북격렬비도에 설치되었고, 2019년에는 KBS 기후·재해 관측용 실시간 영상 전송 시스템 구축되었다.
문화	찬란한 문화를 꽃피운 환황해문화권 중심에 있는 섬으로 중국과 문화교류의 장이었다. 주변 섬은 먼 옛날 중국인이 이주해 집성촌을 이뤘으나 그들의 유배지였다는 설이 있다. 격랑을 잠재우는 용으로 승천한 100년 묵은 구렁이 설화와 백룡부대의 백룡(白龍) 기상, 문학인들의 초현실적 메타포와 차용에 의해 '상상의 섬', '열정의 섬'으로 부상했다.
관광	인기 있는 출조·출사 투어 장소. 카약 대회와 스킨스쿠버 대회 단골 개최지, 섬의 가치와 식생을 고려할 때 주변 섬과 연계하여 생태 관광지로서 부상 가능성이 매우 높은 곳(충남도가 의지 피력), 2022년 서산 대산항–중국 웨이하이항 고속 페리호 취항 시 항로의 중간 거점이 되는 지역이다.

없게 해놓았다. 하지만 중국인 등 외국인들이 내국인을 대리인으로 내세워 섬을 매입할 경우 막을 방법이 없으므로 더욱 적극적인 대책이 필요하다(이재언, 2016).

경제적 측면에서 이 지역은 환황해경제권의 중심지로, 고려시대 이전부터 한중 무역[여송 무역(麗宋貿易)]의 길목이었다는 의의가 있다. 아울러 고려시대와 조선시대에 삼남 지방(三南地方: 경상도, 전라도, 충청도)에서 거둔 풍부한 조세와 특산물을 수도(개성, 한양)로 운반하던 조운선(漕運船)의 해상 운항로였다. 고려 말부터 조정에서는 사고가 끊이지 않는 이곳 해로를 피하기 위해 선구적 관점에서 태안 해안 내륙으로 운하 건설을 논의하고 실제로 시도한 곳이기도 하다.

중국

북한

배타적경제수역(EEZ)

영해선

독도

격렬비열도

남한

일본

이어도

▌ 영해와 배타적경제수역에서 서격렬비도의 가치

울릉도

독도

소령도(옹진, 인천)

동해

서격렬비도(태안)

어청도(군산)

달만갑

호미곶(포항)

직도(군산)

황해

상왕등도(부안)

화암추(울산)

범월갑/범월곶(울산)

횡도(영광)

1.5m암(해운대, 부산)

고서(高嶼, 홍도 북서방, 신안)

생도(영도, 부산)

홍도(신안)

간여암(여수)

가거도

홍도(통영)

소국흘도(신안)

장수도/사수도

거문도(여수)

(완도)

상백도(여수)

소흑산도(신안)

여서도(완도)

남해

절명서(추자면, 제주)

제주특별자치도

● 기점

── 직선 기점

── 영해선

21

현재는 배타적경제수역(EEZ: Exclusive Economic Zone)[*]의 기점이 되는 곳이다. 배타적경제수역은 유엔 '국제해양법'상 자국 연안(영해 기선)으로부터으로부터 200해리에 이르는 모든 자원에 대해 독점권을 행사할 수 있는 수역이다. 이에 따라 충남도청은 격렬비열도에 항만시설을 갖춰 유인화(有人化)하고 한국관광공사, 정부, 충남 태안군 등의 관련 조직 및 기관이 연계해 아름답고 존귀한 섬의 생태와 풍광을 적절히 활용하는 관광 코스를 개발해야 한다고 건의하고 있다.

환경적 측면에서는 일찍이 1977년 문화방송·경향신문사, 한국자연보존협회가 실시한 무인도 학술조사 결과 '난대식물의 최북한지(북방한계선)'로 밝혀졌다. 7000만 년 전 화산의 분출로 만들어진 태고의 해안 절벽과 특이한 지형들이 돋보이는 이 섬은 약 10km에 걸쳐 수심이 60m 이상인 곳이 많다. 이렇듯 깊은 수로가 발달한 데다 때때로 발생하는 거센 풍랑과 조류로 많은 선박과 무고한 인명을 휩쓸어 간 바닷길(안흥항과 격렬비열도 사이의 해협)도 끼고 있다.

육지에서 멀리 떨어진 섬답게 식생도 매우 다양하다. 2017년 국가해양생태계 종합조사 결과, 이 섬은 울창한 바다숲과 가리비의 자연 서식지로 54종의 무척추동물과 26종의 해조류가 집단 서식하고 있었다. 따라서 자연생태계 보존을 위해 환경부의 허가 없이 섬에 들어가는 것이 불가능한 '특정도서'로 지정되었다. 우리나라 동쪽 끝 독도, 남쪽 끝 마라도와 마찬가지로 서쪽 끝에 위치한 격렬비열도에 KT가 통신망을 설비해 LTE 서비스를 제공하고 있어 통신시설 기반도 마련되었다(최우진·김현표, 2016). '제1서해종합해양기상관측기지'가 있는 북격렬비도에는 기후·재해 관측을 위해 KBS에서 실시간 영상 전송 시스템을 구축했다.

---

[*] 유엔 '국제해양법'에 의해 배타적경제수역, 즉 영해 기선으로부터 200해리에 이르는 수역 중 영해를 제외한 곳에서 천연자원의 탐사·개발과 보존, 해양환경의 보존과 과학적 조사 활동 등 모든 주권적 권리를 인정받는다. 타국 어선이 배타적경제수역 안에서 조업을 하려면 연안국의 허가를 받아야 하며 이를 위반하면 나포되어 처벌을 받는다. 그러나 동해·서해·동중국해는 수역의 폭이 좁아 연안국이 200해리를 그을 경우 인접국의 영해는 물론이고, 육지까지 포함되기 때문에 배타적경제수역 경계 획정 시 국가 간에 첨예하게 대립하는 문제가 발생했다. 따라서 한국과 일본이 1999년 1월 6일 국회 비준을 통해 같은 달 22일부터 '신한일어업협정'을 발효했다. 중국과는 2001년 4월 어업협정을 체결해 같은 해 6월부터 발효했다. 참고로 '유엔해양법협약'은 1982년 12월 채택되어 1994년 12월 발효되었다. 그 내용은 ① 어업자원 및 해저 광물자원, ② 해수 풍수를 이용한 에너지 생산권, ③ 에너지 탐사권, ④ 해양과학 조사 및 관할권, ⑤ 해양환경 보호에 관한 관할권 등 연안국의 배타적 권리를 인정하는 것이다.

사회적으로는 격렬비열도 인근 해역은 예부터 유독 거센 풍랑과 해류 때문에 선박 침몰과 인명 소실 등 많은 사건이 일어났던 곳이다. 지금도 해양경찰 경비정이나 구조용 헬기가 긴급 출동하는 사건이 인근 해역에서 종종 일어나고 있다. 이곳은 당국의 수사를 통해 밀수와 범죄자 밀항 도피의 주요 경로로 종종 지목되고 있다. 또한 수난 피해를 막기 위한 운하 굴착 논쟁과 시도가 고려 말부터 조선 중기까지 활발히 진행된 곳이기도 하다. 특히 1978년 12월 25일 주민 12명이 동격렬비도에 약초를 캐러 갔다가 조난당한 사건은 충격적인 동시에 진한 휴머니즘의 감동이 배어 있다. 돌아오기로 한 날 약속한 배가 오지 않는 바람에 44일간 사투 끝에 우연히 발견되어 전원이 무사 귀환함으로써 격렬비열도는 '생명을 구한 섬'이 되었다.

문화사적으로는 찬란한 문명을 꽃피운 환황해권의 중심에 있는 중요한 섬이다. 고려·조선 시대 이 섬과 인근 해역은 중국과 문화 교류의 장(場)이었다. 많은 중국인들이 이 섬을 거쳐 배를 타고 이주했으며, 태안·당진 등 인근 해안에 정착하면서 집성촌을 이루기도 했다. 격렬비열도는 무사·무탈한 조업과 조운을 비는 뜻에서 격랑을 잠재우는 책무를 띠고 용(龍)으로 승천한 '100년 묵은 구렁이' 전설도 품고 있다. 이곳을 지키는 향토사단인 제32사단(백룡부대)은 도교와 오행의 전통사상에서 서해를 수호하는 용으로서 가장 빨리 난다는 '백룡(白龍)'의 이미지를 되살려 안보에 활용하고 있다.

격렬비열도는 현대에 이르러 문인들에 의해 비유와 상징이 가미되고 현실과 초현실을 넘나드는 뜨거운 상상의 섬으로 격상되어, '열정의 섬', '동경의 섬', '로맨스의 섬'이 되고 있는 것이다. 특히 이 섬은 오래전부터 청춘들이 쏟아내는 사랑의 양면성(兩面性), 양가성(兩價性)●을 상징하는 문학적 메타포(metaphor)로 상징화되고 있다.

특히 문학적으로 격렬비열도를 맨 처음 전국에 알린 박정대 시인은, 섬의 이름에 '음차(音差) 기법'을 적용한 창조적 오독(誤讀)을 하여 '격렬(激烈)'과 '비열(卑劣)' 사이에 있는 사랑의 이중성을 날카롭게 관통해 담아냈다. 그야말로 열도(列島)에

● '양가성(ambivalence)'은 스위스의 심리학자이자 취리히 대학 교수 오이겐 블로일러(Eugen Bleuler)가 처음 사용한 말로, 동일한 대상에 대해 사랑과 증오, 선과 악, 복종과 반항, 쾌락과 고통, 금기와 욕망 등과 같이 서로 대립적인 감정 상태나 가치가 공존하는 심리적 현상을 말한다.

'격렬(激烈)'이라는 새로운 의미가 더해져 사람들의 마음속에 우리 영토를 지키고, 사랑을 나누는 뜨거운 섬들, 즉 '열도(熱島)'로 승화하는 역할을 했다. '비열(列飛)'은 소중한 것을 지키기 위해 전략적으로 다소 체면을 구기거나 곤혹스러움을 불가피하게 감내해야 하는 '비열(卑劣)'이라는 의미로 전이되어 그 이상의 용기, 과단성, 결연한 의지를 나타낸다.

관광 측면에서도 보고 느낄 만한 가치 있는 자원이 풍부한 곳이지만 아직 무인도이기에 정기 노선조차 없어 향후에 구비하고 개선해야 할 인프라가 적지 않다. 현재로서는 낚시 손님과 사진 동호회원들이 빌린 작은 배가 오가고 생활체육단체들에 의해 카약 대회나 스킨스쿠버 대회가 열리는 수준이지만, 섬의 가치와 식생을 고려하면 향후 매력적인 문화·생태·안보 관광지로 부상할 가능성이 높은 곳이다.

이상과 같이 격렬비열도의 가치와 중요성은 아무리 강조해도 지나칠 수 없다. 지역 주민은 물론이고 정치권에서 섬의 이런 가치와 위상에 맞게 제대로 관리와 활용을 해야 한다는 주장이 제기됨에 따라 행정기관과 정치권도 문제해결을 위해 적극 나서고 있다.

양승조 현 충남지사는 2019년 5월 5일 격렬비열도를 직접 방문해 국가관리 연안항 지정 등 현안을 점검했다. 생태환경의 가치와 보호구역 관리 상황을 점검하

북격렬비도 전경 ⓒ태안군

고 국가 개발 필요성 등 향후 충남도 차원의 추진 방향을 모색하기 위한 것이다. 격렬비열도 인근 해역은 현재 중국 어선의 불법조업과 선박 사고 등이 잦은 곳이지만 해양경찰이 출동하려면 약 3시간이 소요되고, 기상 악화 시 어선 피항(避港)과 신속한 재난 구호에 필요한 요충지이지만 관련 시설이 없어 대응에 어려움을 겪고 있다. 충청남도는 정치적·군사적 요충지임을 감안해 해상교통 안전, 불법어획 관리는 물론이고 해양영토 보전 등 자주권 수호를 위해 국가 주도 개발이 시급하다는 기본 입장을 보이고 있다.

충남 태안군의 민선 7기 가세로 태안군수는 태안의 영토를 실질적으로 넓히는 '광개토 대사업'을 기치로 내걸고 격렬비열도의 국가 매입과 국가관리 연안항 지정을 숙원 사업으로 추진하고 있다. 사유지인 동·서 격렬비도를 국가가 매입하려면 공인된 토지 감정평가를 거쳐 소유주와 협상하거나, 국가가 '토지수용령'을 발동해 절차를 밟는 등의 방법이 있다. 태안군에 따르면 그간 정부 측이 소유주에게 한 차례 2억 원 정도를 제시하며 동·서 격렬비도 매입을 몇 차례 타진했으나 소유주들이 너무 헐값이라며 난색을 표명해 무산되었다. 2015년쯤 중국 자본가도 조선족 동포와 태안 현지 부동산중개업소를 통해 접근해 소유주에게 20억 원을 제시한 뒤 다시 16억 원으로 정정해 제시하며 섬을 팔라고 흥정했으나 자존감이 강했던 소유주들이 거부했다고 한다.

격렬비열도의 기본 현황과 정보

격렬비열도는 충청남도 태안반도 관장곶 서쪽 약 55km 해상인 동경 125도 34분, 북위 36도 34분에 있다. 7000만 년 전 분출한 용암의 화산재와 화산 암석으로 이루어진 섬으로, 탄생 시기로는 제주도보다 역사가 오래되었다. 격렬비열도는 3개 큰 섬과 9개의 작은 섬으로 이뤄진 무인군도(無人群島)이다. 3개의 큰 섬인 북격렬비도, 동격렬비도, 서격렬비도의 배치는 멀리서 보면 삼각형 모양의 편대를 이루고 있다. 북격렬비도는 상주하는 주민이 없이 등대원만 상주하는 유인 등대섬이며, 동격렬비도와 서격렬비도는 무인도이다.

인근 가의도 주민들은 전통적으로 동격렬비도를 '가오리덕'이나 '가오리섬'으로 부르는데, 이러한 명칭은 동격렬비도가 북쪽에서 보면 가오리처럼 생겼다 하여 붙인 것이다. 또한 서격렬비도를 '마나루'로, 북격렬비도를 '격열비섬'으로 각각 부르고 있다. 인류학자들은 지금과 같은 섬의 작명 연원에 관해 일제강점기를 계기로 일본인들이 국내에 들어온 이후 각 섬이 위치한 방위(方位)에 따라 동·북·서 격렬비도라는 이름을 붙인 것으로 보고 있다(한상복·전경수, 1977).

▌격렬비열도 주요 3개 섬 현황

구분	주소(지번)	면적(m²)	소유주	주민 거주 여부
동격렬비도	태안군 근흥면 가의도리 산26	277,686	사유지 (2020년 현재 이모 씨 등 3인)	무인도
북격렬비도	태안군 근흥면 가의도리 511번지(대지) 511-1번지(임야)	(총 93,601) 3,706 89,895	국유지 (해양수산부)	유인도 (등대수만 거주)
서격렬비도	태안군 근흥면 가의도리 산28	128,903	사유지 (신모 씨 등 5인)	무인도

2015년에는 중국인이 이 섬을 매입하려 한다는 언론 보도가 있었다. 이에 따라 정부에서는 2016년도에 이 섬을 '외국인 토지거래 허가지역'으로 지정해 외국인이 이 섬의 토지 일부나 전체를 살 경우 허가를 받도록 함으로써 실효적으로 외국인의 토지 매입을 금지했다. 그러나 이 정도의 조치는 근본적인 대책이 아니기 때문에 섬 전체를 일괄 국유화하여 공적관리를 해야 한다는 목소리가 높아지고 있다. 격렬비열도는 중국과 가장 가까운 대한민국 영토로서 해양영토주권 수호와 수산자원의 보호, 해양 관광자원으로 보호할 필요성이 있는 지리적·군사적 요충지

대산지방해양수산청 공고 제2019-25호.

2019년 제1회 대산지방해양수산청 등대관리직 공무원 경력경쟁채용시험 계획 공고

대산지방해양수산청에서는 다음과 같이 우수 인재의 공직유치를 위하여 국가직공무원 경력경쟁채용시험을 실시하오니 많은 응시 바랍니다.

2019년 03월 22일
대산지방해양수산청장

1. 임용예정 직급 및 선발예정 인원

직렬	임용예정직급 (직류)	선발예정 인원	근무예정지
등대관리	등대관리서기보 (등대관리)	1명	대산지방해양수산청 (격렬비도 등대, 항로표지정비팀)

2. 근거 법령

o 「국가공무원법」 제28조(신규채용)

o 「공무원임용령」 제16조(경력경쟁채용능의 요건)

o 「공무원임용시험령」 제29조(경력경쟁채용시험등의 방법)

o 「공무원임용시험 및 실무수습 업무처리지침」 (인사혁신처 예규 제60호)

3. 채용대상 직무내용

직렬	직류	주요업무
등대관리	등대관리	항로표지시설(등대) 관리 및 무인표지 점검 업무

▌2019년 등대관리원 공채 공고(대산지방해양수산청)

▌북격렬비도 등대와 그 앞 섬인 서격렬비도 ⓒ태안군

이기 때문이다. 태안군을 비롯한 충남 15개 시의 시장들과 각 군의 군수들은 2019년 5월 28일 '격렬비열도 국가 매입 및 국가관리 연안항 지정'을 위한 공동 건의문을 발표했다.

세 섬의 면적은 각각 북격렬비도 9만 3601m², 동격렬비도 27만 7686m², 서격렬비도 12만 8903m²이다. 최고봉은 동격렬비도 해발 133m, 서격렬비도 85m, 북격렬비도 101m이다. 섬들은 전체적으로 비교적 낮은 구릉지로, 가파른 경사면과 깎아 세운 듯한 해식애(海蝕崖) 등 대부분 급경사 지형이 많고, 평지가 거의 없다. 기후는 해양성기후의 특징을 나타내지만, 겨울철에는 북서계절풍의 영향으로 같은 위도상의 동해안보다 춥다.

이 격렬비열도들은 태안의 신진도에서 서쪽으로 약 55km, 가의도에서 약 50km 떨어져 있다. 연안은 퇴적지형인 간석지(干潟地)가 넓게 분포하고 수심이 얕아 선박의 접안이 거의 불가능하다. 지번대로 분류하면 동격렬비도는 충남 태안군 근흥면 가의도리 산26, 북격렬비도는 충남 태안군 근흥면 가의도리 511번지(대지)와 511-1번지(임야), 서격렬비도는 충남 태안군 근흥면 가의도리 산28이다.

먼저 북격렬비도는 서해의 어로작업에서 각종 어선의 항로표지가 되는 곳이다. 태안군에 따르면 이 섬은 국유지로서 전체가 임야 9만 3601m²였다가 2014년 11월 6일 등대와 구조물 설치 지역이 '대지'(3706m²)로 분할되면서 임야는 2020년 현재 8만 9895m²로 축소되었다. 이러한 북격렬비도는 1972년 2월 25일 소유권 보존 조치를 통해 산림청이 보유하고 있다가 2015년 8월 25일 소유권을 해양수산부로 이관했다. 북격렬비열도의 토지 m²당 공시지가는 기상관측기지와 등대 등이 위치한 대지(가의도리 511번지)는 2018년 1만 1800원에서 2020년 1만 2700원으로 상승했다. 임야(가의도리 511-1번지)의 경우 2018년 783원에서 2020년 861원으로 조금 올랐다. 따라서 2020년 기준으로 공시지가를 산출하면 대지(4707만 원)와 임야(7740만 원)를 합쳐 총 1억 2447만 원 정도가 된다.

북격렬비도에는 현재 높이 107m에 이르는, 콘크리트로 만든 육각형의 하얀 '격렬비도 등대'가 있어 어로작업을 하는 어민들의 안내자이자 파수꾼 역할을 하고 있다. 이 등대는 1909년 2월에 세워졌다. 한때 등대지기를 비롯해 주민(1가구 2명)이 거주하여 고구마, 콩 등 밭작물을 재배하고 바지락과 굴 등을 채취하기도 했다.

한국자연보존협회의 1977년 7월 31일 조사에 따르면 당시 이 섬에는 2가구에 등대지기로 보이는 민간인 남자 네 명이 살았다.

북격렬비도에서는 주민들이 풀어놓은 염소들이 야생에 적응해 자라기도 했다. 날씨가 온화하고 목초들의 식생이 풍부해 염소가 자라기 좋은 환경이다. 인근 가의도 주민들에 따르면 수십 년 전에는 불행한 사건도 발생했다. 이 섬에 건물을 지을 당시 태안 모항에 사는 20대 청년이 일행과 함께 섬 꼭대기 공사장에 일하러 갔다가 몸보신을 하겠다면서 섬에 사는 염소를 사냥하듯 뛰면서 몰았다. 그러다가 염소가 궁지에 몰려 물에 빠지니 그것을 잡으려 바다에 뛰어들었다가 급류에 휩쓸리는 바람에 안타깝게 목숨을 잃었다.

그러나 1994년부터는 원격 조정되는 무인 등대로 바뀌면서 사람이 살지 않는 무인도가 되었다. 그러다가 2015년 7월부터 해양영토주권을 수호하기 위해 해양수산부 대산해양수산항만청에서 관할 등대수를 파견해 현재 2인 1개조가 15일씩

█ 북격렬비도 정상에서 바라본 동격렬비도(왼쪽), 북격렬비도에 있는 등대(가운데), 서해종합기상관측기지(오른쪽) ⓒ 김정섭

번갈아가며 근무하고 있다. 한반도를 둘러싼 주변 정세가 급변하고 중국 어선들의 불법조업이 심해져 인력을 다시 배치한 것이다. 현재로서는 일반 주민은 없고 등대수만 머무르는 곳이다.

북격렬비도에는 기상청의 파고계, 지진계, 황사 관측 장비 등도 설치되어 있어 기후·기상 관측의 요충지로 평가되고 있다. 이 섬은 수원(水源)이 없기 때문에 비가 오는 날 빗물을 받아 모아뒀다가 걸러서 식수와 생활용수로 사용한다. 정기적인 해상 노선은 없고 필요에 따라 관련 기관의 행정선이 오간다. 1970년대에는 관할지가 전라북도에 있는 군산해경이라서 군산에서 한 달에 한 번 배가 왕래했다.

동격렬비도는 현재 사유지다. 1966년 인천광역시 부평구 산곡동에 주소지를 두고 요양차 딸의 거처인 경기도 성남시 분당에 거주하는 이모 씨(1927년생)가 보유하고 있다가 2020년 3월 만딸 등 3인에게 증여했다. 일제강점기에 이 씨의 부친인 태안 안흥 사람 이기만(李基晩) 씨가 사들인 것이다. 이기만 씨는 당시 동격렬비도 인근의 석도, 우배도와 함께 이 섬의 소유권을 확보해 자연산 약초를 채취했다. 이어 인근 가의도 주민들의 생계 수단인 미역채취권을 확보하는 바람에 갈등이 있어 해방 후에도 가의도 주민들과 송사(訟事)를 벌여, 조정 끝에 지주(地主)는 지상권만 갖고, 미역채취권은 어민들이 갖는 것으로 갈등이 일단락되었다(한상복·전경수, 1977).

후일 아버지에게 동격렬비도를 상속받은 이 씨는 함께 상속받은 인근 섬들은

▌서격렬비도 쪽에서 바라본 동격렬비도 독수리가 날개를 펼친 모습이다. ⓒ김정섭

다른 사람들에게 팔았다고 한다. 이 씨는 태안에서 중학교까지 다닌 후 서울로 이주했다. 현재 소유자 가운데 한 명인 이 씨의 큰딸은 필자와 인터뷰에서 "아버지께서 섬에서 약초를 재배하고 키우시는 등 많은 투자를 하셨다. 그러나 섬에 상주하면서 관리하지 못해 생각처럼 잘 자라지 않아 실망이 크셨다. 1970년대 중반에는 어떤 분이 섬에서 성냥과 합금을 만드는 데 쓰이는 인(燐, phosphorus)이 발견되었다면서 무턱대고 자신에게 섬의 광물채취권이 있다고 주장하는 바람에 논란이 되기도 했다"[*]라고 말했다.

동격렬비도는 1970년대부터 이미 약초꾼들이 섬에 와 약초를 캐면서, 일정 기간 겨울을 나기 위해 터를 잡아 숙영지(宿營地)를 조성하기도 했다. 자연산 약초도 채취했지만 섬 주인이나 약초꾼들이 미리 씨를 뿌려 자란 약초를 채집하는 경우도 많았다. 더덕, 후박, 해방풍, 우슬, 전호, 황경 등이 많았다고 한다. 부식으로 먹기 위해 섬에 무를 심기도 했다. 섬에 습지가 있어 바위틈으로 물이 조금 나지만 양이 너무 적어 오랫동안 머물 때면 육지에서 배로 물을 실어다가 먹는 경우도 있었다고 한다.

동격렬비도의 개별 공시지가는 m²당 2018년 783원에서 2020년 861원으로 올랐다. 따라서 2020년 기준으로 산정하면 동격렬비도 전체의 공시지가는 2억 3909만

원이다.

소유주 이 씨의 큰딸은 필자와의 인터뷰를 통해 "동격렬비도는 격렬비열도 가운데 유일하게 동·식물이 안정적으로 자랄 수 있는 환경을 갖춘 데다 실제 식생이 풍부한 섬이기 때문에 정부가 매입해 공적관리를 하는 것이 바람직하다"라는 뜻을 밝혔다.

서격렬비도는 이곳 열도의 여러 섬 가운데 지정학적으로 가장 중요한 의미가 있다. 2020년 현재 신모 씨(1968년생), 김모 씨(1962년생), 권모 씨(1968년생), 이모 씨(1965년생), 김모 씨(1967년생) 등 태안군 안면도 주민 다섯 명이 공동으로 소유하고 있다. 1980년 1월 이 섬의 현재 소유주 이모 씨가 사들인 것을 1988년 5월 경기 부천의 임모 씨(1954년생)가 매입했다가 다시 2003년 11월 안면도의 홍모 씨(1968년생)에게 팔았다. 이후 지분 매각 등을 통해 현재 소유주 다섯 명에게 소유권이 이전되었다. 이 가운데 가장 많은 지분(1/2)을 소유한 사람은 신모 씨다.

서격렬비도의 공시지가는 m²당 2018년 783원에서 2020년 861원으로 인상되었다. 따라서 2020년 기준 섬 전체의 공시지가는 1억 1099만 원 정도다.

따라서 정부가 이 섬의 매입을 놓고 소유주들과 협상을 할 경우 얼마에 이 섬을 사들일지가 관심사다. 시세와 가치를 반영해 공시지가보다 높은 가격으로 협상할 수 있지만, 협상이 순탄치 않으면 '토지수용령'을 발동해 공적관리에 나설 가능성도 배제할 수 없기 때문이다. 소유주들은 섬의 시세를 반영한 적절한 금액을 책정해 매입하거나 시세와 같은 태안군 내륙의 땅을 대토(代土)*해 줄 것을 정부 측에 요구하고 있다. 쉬운 일은 아니겠지만, 대기업이나 자선단체에서 적정가에 매입해 국가에 헌납하는 간접 매입 방식을 제시하기도 했다. 정부는 이 책의 출간을 앞둔 현재까지 구체적인 의견 제시 없이 신중한 태도를 보이고 있다.

• 정부가 토지를 수용할 경우, 토지 소유주가 수용된 토지 반경 20km 내의 허가구역에서 같은 종류의 토지를 구입하는 것을 말한다. 이럴 경우 '조세특례제한법' 제77조의 2에 따라 취득세와 등록세를 면제해 준다.

■ 동격렬비도에서 바라본 우리나라 서해 최서단 서격렬비도 ⓒ김정섭

■ 공중에서 찍은 동격렬비도 ⓒ태안군

03
서격렬비도 민간인 소유주 인터뷰

필자는 격렬비열도의 주요 3개 섬 가운데 최서단에 위치해 지정학상 가장 가치가 높은 서격렬비도 소유주 두 명을 어렵게 수소문해 인터뷰함으로써 그들의 의사를 연구에 충분히 반영하고자 했다. 인터뷰는 2019년 6월 12일에 실시했다. 인터뷰에 응한 소유주의 성명은 그들의 요청에 따라 공개하지 않기로 했다. 이들은 "서격렬비도는 국가적으로 매우 중요한 영토인 만큼 이제부터 정부가 깊은 관심을 갖고 공적관리에 착수할 필요가 있다"라고 말했다. 아울러 "섬은 현재 사유지이므로, 그런 과정에서 개인의 재산권을 존중하는 차원으로 소유주들의 의사를 존중해 매입과 개발 문제를 매듭지어야 한다"라고 강조했다.

▌몇 년 전 남한 지역 최서단 무인도로 한중 어업 분쟁이 심한 어장을 끼고 있는 서격렬비도를 중국에서 사겠다고 하여 전국적인 이슈가 된 적이 있습니다. 그 일은 언제, 어떻게 일어났는지 상세히 설명해 주시겠습니까?

네. 2012년 겨울 태안 지역 부동산중개업자가 저한테 연락을 해왔습니다. 중국 국적의 조선족 동포 여자가 만남 장소에 함께 와 있었죠. 그녀는 무역을 하면서 한국과 중국을 오가는 사람이라고 자신을 소개하며 중국 본토의 돈 많은 사람이 섬의 매입에 관심이 많은데 자신한테 섬을 팔라고 했어요. 그래서 내심 팔 생각은 없었지만, 20억 원을 주면 생각해 보겠다고 말했습니다. 그녀는 서격렬비도 관련 부동산 서류를 잔뜩 떼어 중국 본토에 들어갔다 돌아왔습니다. 그리고는 다시 부동산중개업자를 통해 20억 원은 너무 비싸니 16억 원에 팔라고 역제의를 했습니다. 북격렬비도와 서격렬비도 부근에 양식장 허가가 난 것까지 확인해 관련 서류까지 떼 간 것으로 보아 어장 확보·운용 등 어업권에도 관심이 많은 듯하여 너무 놀랐습니다. 중국이 한국 국적의 중국인을 내세워 이 섬 인근의 어업권을 장악하려는 속내가 엿보였기 때문입니다. 그 뒤 몇 번 말이 오가다가 결국 팔지 않게 되었습니다. 이어 2015년 한 방송사가 취재를 했습니다. 그때 또 다른 태안 지역의 부동산중개인을 통해 중국인 여자가 와서 격렬비열도를 사려 했다는 사실을 확인했다고 합니다. 제가 만난 여자와 다른 여자 입니다. 그러나 그 중국 여자가 정확히 언제 그런 시도를 했는지 당시 취재기자가 아니어서 정확히 알지는 못합니다.

▌해양수산부 선정 '5월의 무인도' 서격렬비도 포스터(2018.5)

▌태극기가 부착된, 섬의 영해 기점 표시 ⓒ 김정섭

▌ 당시 서격렬비도는 왜 팔지 않았나요?

너무 놀랐기 때문입니다. 섬 소유주로서 토지 가격에 관심이 있었던 것도 사실이지만, 중국인이 수산 양식장 관련 서류까지 떼서 중국 본토에 갔다가 오는 것을 보고 너무 섬뜩했습니다. 격렬비열도 해역은 그렇잖아도 중국 어선의 불법조업이 잦고 이로 인한 충돌이 많이 발생하는 곳입니다. 외국인 토지거래 허가 지역으로 지정되기 전 한국 국적을 가진 중국인이 자신 명의로 섬을 샀다가 중국에 들어가 중국 국적으로 바꿔버리면 어떻게 되나 하는 상상까지 하게 되었습니다. 그래서 국민의 한 사람으로서 고민을 많이 했습니다. 안보와 생태적 가치 외에도 피항지로서 매우 유용한 섬인 데다 어족 자원이 풍부해 조업이 잘되고 희토류나 유전 탐사의 가치도 있는 섬이기 때문에 여러 가지를 생각하며 미련을 떨치고 팔지 않은 것입니다.

▌ 정부와 지자체는 매입을 검토하고 있는 것 같은데요?

요즘 정부와 지자체가 적극적으로 움직이고 있는 것 같습니다. 정부는 소유주와 협의가 안 되면 최종적으로 토지수용을 검토할 수도 있을 것입니다. 저희도 그렇게 예상합니다. 그러나 그에 앞서 소유주들이 수십 년 전부터 국가적 관리에 관심을 갖고 좋은 방안들을 건의했지만 외면당한 서운함이 있다는 것을 고려해야 합니다. '중국 매입 시도' 뉴스가 나가지 않았다면 정부가 관심을 갖지 않았을 것입니다. 국가 소유인 북격렬비도에 등대수가 파견된 것도 소유주들이 지역 정치인에게 건의하여 실현된 조치입니다. 지금까지 몇 차례 협상에서 정부가 제시한 섬의 지가는 최대 2억 원인데, 거기엔 복병이 있습니다. 실제 토지 감정을 하면 섬의 40%는 만조 때 물속에 잠기는 '포락지(浦落地)'●로 처리되어 그만큼 보상 가격이 더욱 낮아지는 것을 말합니다. 따라서 적절한 보상가에 상응하는 태안 내륙의 땅을 대토(代土)받거나 대기업이나 자선단체가 매입해 국가에 기부하는 것을 대안으로 생각하고 있습니다. 정부가 좀 더 적극적인 태도를 취하면 소유주들이 손해

●　한마디로 '물에 잠긴 토지'를 말한다. 구체적으로 '공유수면 관리 및 매립에 관한 법률'에 따르면 포락지는 지적 공부에 등록된 토지가 물에 침식돼 수면 밑으로 잠겨버린 토지를 지칭한다.

를 보지 않고 국민의 한 사람으로서 애국심을 발휘하는 중대한 결심을 할 수 있을 거라 생각합니다.

▌ 향후 서격렬비도는 어떻게 관리되어야 한다고 보시나요?

서격렬비도의 소유자로서 이 섬은 현재 저희가 갖고 있는 사유지이지만, 우리 나라 영해 기점이 되는 섬 가운데 하나입니다. 이 섬은 안보·어업·생태적 측면에서 매우 중요한 가치를 지녔습니다. 그래서 국가가 소유해 체계적으로 관리하는 것이 합당하다고 생각합니다. 구체적으로 서격렬비도는 태생적으로 온통 바위로 뒤덮여 있어 다른 용도로 확장이 어렵습니다. 남한 최서단 섬이라는 영토의 상징성을 살리는 쪽으로 관리하는 게 좋다고 봅니다. 동격렬비도는 상대적으로 섬이 넓고 식생이 풍부해 생태관광 섬으로 꾸미는 것이 합당하다고 생각합니다. 정부와 지자체도 그런 방향으로 갈 것으로 봅니다.

▌ 서격렬비도 해역을 순시하는 태안격비호 ⓒ김정섭

2 장

안흥정이 있었던 신진도리 안흥 외항의 가을   ⓒ김정섭

7000만 년 파도에 아로새긴
화산섬의 역사

01
격렬비열도의 탄생과 지리학적 연원

격렬비열도는 지질조사 결과 선캄브리아기를 지나 중생대의 마지막 시기인 백악기 말기, 마그마의 활동과 화산재의 충적으로 완성된 화산섬이다. 1977년 문화방송·경향신문과 한국자연보존협회가 공동 실시한 학술조사 결과, 이 섬의 지질은 흑운모편마암·편암·규암·수정질석회함·돌로마이트질석회암 등 선캄브리아기의 변성암류와 백악기 말기 화산의 마그마 활동에 의해 형성된 것으로 보이는 화산암류로 구성되었다(이하영·강준남, 1977). 훗날 이곳에서 발견된 선캄브리아기의 변성암류는 우리나라 지질학자 손치무에 의해 지역의 이름을 따서 1972년 '서산층군(瑞山層群)'으로 명명되었다.

선캄브리아기는 약 46억 년 전부터 약 5억 7000만 년 전에 이르는 캄브리아기 이전의 지질시대로 시생대와 원생대로 나눈다. 이 시대에 지구는 일부 화산 열도를 제외하면 물로 뒤덮여 있었을 것으로 추정된다. 최초의 것으로 알려진 화석화

기암절벽으로 장관을 이루는 서격렬비도 ⓒ태안군

된 생물은 주로 세균(細菌)과 청록 조류(藻類)로서 약 32억~35억 년 전의 암석에서 발견되었지만 그 생물이 기원한 시기는 정확히 알려져 있지 않다. 격렬비열도가 생성된 백악기는 이러한 고생대와 트라이아스기 이후에 열렸던 쥐라기의 다음 지질 시대이다. 쥐라기가 끝나던 1억 4500만여 년 전부터 6500만여 년 전까지 약 8000년간 지속되었다.

백악기의 지구는 온난하고 해수면이 지금보다 높았다. 동물계에서는 육상 파충류였던 공룡(恐龍, dinosaur), 날개를 달고 하늘을 날던 익룡(翼龍, pterosaurs), 몸통과 지느러미가 바다거북을 닮은 수장룡(首長龍, plesiosauria), 바다에 살던 어룡

■ 문화방송·경향신문과 자연보존협회가 공동 조사해 작성한 「격렬비열도 및 인근도서종합학술조사보고서」

(魚龍, ichthyosaur), 연체동물인 암모나이트(ammonites), 조개류인 이노케라무스(inoceramus), 트리고니아(trigonia, 삼각패), 아메바형 원생동물로 껍데기가 있는 근족충류인 대형 유공충(有孔蟲, foraminifera) 등이 살았다. 식물계에서는 겉씨식물이 점차 사라지고 속씨식물인 쌍떡잎류가 우세했지만 다섯 차례의 '대멸종(mass extinction)'이 일어나 조류 이외의 모든 생물이 절멸했다. 우리나라 경상층군(慶尙層群)도 백악기 지층이다. 제주도가 120만 년 전~2만 5000년 전 화산 활동을 통해 생성된 것으로 규명된 점을 돌이켜볼 때 이 섬은 제주도보다 훨씬 역사가 깊은 섬이라 평가할 수 있다.

격렬비열도 산하 주요 3개 섬에는 이런 유구한 역사가 말해주듯이 오랜 침식(侵蝕)과 풍화(風化)로 주상절리(柱狀節理), 해식동(海蝕洞), 시스택(sea stack)이 발달되어 있다. 주상절리는 수직의 돌기둥 모양으로 높은 암반이 갈라진 절리, 해식동은 파도에 의해 만들어진 섬 가장자리의 동굴, 시스택은 섬이 많은 바다에서 흔히 볼 수 있는 '촛대 바위'처럼 해안가에서 파도에 의한 침식으로 생긴 수직의 길쭉한 원통 모양 암석을 말한다. 이곳의 지질에서는 선캄브리아기의 서산군층인 변성퇴적암류 외에 쥐라기의 대보화강함 등도 볼 수 있다.

■ 동격렬비도의 가파른 주상절리   ⓒ 김정섭

02
역사 시대별 변천과 발전 과정

　　고고학계에서는 격렬비열도가 속한 충남 태안 지역에서는 구석기 유물이 일부 발견되었지만, 안면도 고남리(古南里) 패총(貝塚) 등 곳곳에서 주로 발견된 신석기 유적과 유물들이 주로 발견된 것으로 보아, 격렬비열도가 속한 태안반도에는 약 4500~5000년 전부터 사람이 살았을 것으로 추정하고 있다. 이뿐 아니라 1977년 학술조사 결과 격렬비열도와 가장 가까운 가의도에서 빗살무늬토기 파편과 조개껍데기 무덤 패총이 발견되어 현재까지는 신석기시대부터 사람이 살았을 것으로 추정하고 있다(한상복·전경수, 1977). 좀 더 큰 틀에서 빗살무늬토기를 사용한 신석기인들이 대륙에서 한반도로 이동한 경로[•] 가운데 하나가 격렬비열도와 태안반도 해역이 포함된 서해안 중서부 지역이었다는 점도 이 같은 사실을 뒷받침한다.

　　『태안군지』(태안군, 1995)에 따르면 태안 지역 청동기시대 유물로는 태안읍 장산리 및 고남면 고남리의 지석묘(고인돌)만 발견되어, 이 시기 사람들의 특별한 활동 모습을 검증하기 어렵다. 격렬비열도를 비롯한 태안은 삼한시대 마한(馬韓) 54개국 중 충남 지역에 있던 16개국 가운데 '신소도국(臣蘇塗國: 태안읍 동문리 백화산 기슭 샘골로 추정)'과 '고랍국(古臘國: 고남면 고남리로 추정)'에 속했다. 특히 신소도국은 천군(天君)[••]이 천신에게 제사를 지내던 신성한 지역으로서 법률의 힘이 미치지 못하던 지역이었다. 태안의 옛 이름이 소태(蘇泰)·소주(蘇州)·소성(蘇城) 등으로 불렸던 것도 소도와의 연관성을 보여준다.

[•]　　고고학계의 연구에 따르면 빗살무늬토기를 사용한 신석기인들의 한반도 이동 경로는 첫째, 중국의 랴오둥반도(遼東半島)에서 한강 이남의 서해안 지역, 둘째, 동만주 지역에서 우리나라의 동해안 지역(부산 동삼동), 셋째, 중국 산둥반도에서 우리나라의 서해안 중서부 지역 등 세 가지로 알려져 있다.

[••]　　삼한(三韓)시대에 소도(蘇塗)를 관장하며 하늘에 제사 지내는 일을 주관하던 사람을 말한다.

백제시대에 이르러 근초고왕이 369년 마한 54개국을 복속했기 때문에 신소도국과 고랍국도 그때부터는 백제의 영토가 되어 '성대혜현(省大兮縣)'으로 개편되어 290여 년간 지속되었다. 암벽에 조각된 태안 '마애삼존불상'이 중국 불교미술의 전래를 상징하듯, 성대혜현은 적어도 5세기 말부터 중국 대륙과 통교를 시작했다고 볼 수 있다.

삼국의 치열한 각축전 속에 신라는 당나라와 동맹해 무열왕 7년(660, 의자왕 20년)에 백제를, 문무왕 8년(668, 보장왕 27년)에 고구려를 각각 정복해 복속시켰다. 그러나 이후 당나라가 웅진도독부(옛 백제 지역), 안동도독부(옛 고구려 지역), 계림도호부(신라 지역)를 설치해 영토 침탈의 야심을 드러내자 신라는 7년간 당나라와 전쟁을 치러 676년 당나라를 축출한다. 통일신라시대에 9주 5소경이라는 지방조직 개편과 함께 성대혜현은 웅천주로 편입되었다. 그 후 경덕왕 15년 성대혜현은 '소태현(蘇泰縣)'으로 개칭되었다. 태안은 통일신라 영토로 260여 년을

■『호서읍지』(왼쪽, 규장각 소장)와 1872년 지방지도에 나온 태안 일대

45

구분	격렬비열도 관할 행정구역 연혁
삼한시대	• 마한의 신소도국(臣蘇塗國) 관할
백제시대	• 근초고왕 이후 백제 성대혜현(省大兮縣) 관할
통일 신라시대	• 문무왕 16년(676) 이후 웅천주 성대혜현 • 경덕왕 15년(756) 이후 웅천주 소태현(蘇泰縣)으로 고쳐 부성군(富城郡)에서 관할
고려시대	• 성종 2년(983) 이후 충청남도 공주목(公州牧) 관할 소태현 • 성종 14년(995) 이후 하남도 공주 관할 소태현 • 현종 9년(1018) 이후 운주(運州, 현재 홍성) 관할 소태현 • 충렬왕 24년(1298) 태안으로 개칭하고 군으로 승격 • 공민왕 22년(1373) 왜구 침입 잦아 태안군 일시 폐군(廢郡)하여 서산군에 병합
조선시대	• 태종 16년(1416) 복군(復郡), 1417년 태안읍성 축조 • 초기에는 충청도 '태안현', 후기에는 '태안군' 관할 • 고종 32년(1895)에는 재편제한 태안군 관할
일제강점기	• 충청남도 태안군 근서면 관할 • 1914년 전국 행정 개편에 따라 태안군을 서산군에 통합, 격렬비열도를 서산군 근흥면(近興面)에 편입
전두환 정부	• 1984년 충남 서산군 서부출장소 관할
노태우 정부	• 태안 지역 주민들의 거센 복군 요구로 1989년 1월 서산군과 다시 분할, 격렬비열도는 태안군 근흥면 관할로 회복

보낸다. 몽산리 석가여래좌상이 이 시대의 유적이다.

고려시대에 이르러서는 성종 2년(983) 지방 12곳에 지방관을 파견하여 목을 설치했는데, 이때 격렬비열도가 속한 소태현은 충청남도 공주목(公州牧) 관할이 되었다. 성종은 10년 후인 995년에 12목을 10도로 개편함에 따라 충남 지역은 공주(公州)와 운주(運州: 지금의 홍성)가 속한 하남도(河南道) 관할이었다. 격렬비열도가 속한 소태현은 이때까지만 해도 공주 관할이 되었다.

고려 11대 왕 문종 31년(1077)에 안흥 지역에 송의 사신을 영접하고 환송하는 '안흥정(安興亭)'을 창건했다는 기록이 있다. 기와 조각과 고려청자 조각 등 훗날 출토된 유물로 보아, 그 지점은 격렬비열도로 향하는 길목인 가의도와 안흥항 사이 신진도(新津島)로 추정한다(김재원·윤무병, 1959). 신진도 마을 동남쪽의 산록

■ 안흥정이 있었던 신진도리 안흥 내항의 여름(위)과 안흥 외항의 초가을(아래) ⓒ 김정섭

(山麓)에는 옛날부터 '관사 터'로 알려진 곳이 있다고 한다.

인종 1년(1123) 6월 송이 고려에 국신사(國信使)를 보낼 때 정사 노윤적(路允迪)과 부사 부묵경(傅墨卿) 함께 도제할관(都提轄官)●으로 고려에 온 서긍(徐兢)이 쓴 보고서 『선화봉사고려도경(宣和奉使高麗圖經)』●●(이하 『고려도경』)에서도 안흥정의 존재를 확인할 수 있다. 당시에 풍랑이 심해 마도(馬島)에 정박했는데, 그곳에 '안흥정'이 있었다고 기록했다. 인종 2년(1134)에는 태안반도 앞바다에서 거친 해저지형과 격랑으로 배가 자주 침몰하자 왕명으로 내륙을 관통하는 운하 굴착을 시도했으나 연거푸 실패했다.

고려 현종 9년(1018) 행정구역을 다시 개편하면서 격렬비열도가 속한 소태현은 운주(運州: 지금의 홍성)에 속하게 되었다. 충렬왕 24년(1298)에는 소태현 출신 인사 이대순(李大順)이 원(元)으로부터 총애를 받아 이 지역 이름을 '국태민안(國泰民安)'을 줄인 '태안(泰安)'으로 개칭하고 군으로 승격시켰다. 이후 700년 이상 '태안'이라는 명칭이 유지되었다. '국태민안'은 나라와 백성이 모두 편안한 상태를 나타내는 표현으로, 정치가 임금과 백성이 교감하는 모습으로 순탄하게 잘 작동하고 전쟁이나 재난, 흉사가 없는 매우 이상적인 나라의 모습을 지칭한다.

이곳은 고려 말기 여송 무역의 중심지였다. 황해도 예성강 입구의 벽란도에서 강화도 인근 옹진을 거쳐 산둥성으로 향하던 무역로가 고려 문종 36년 이후부터는 벽란도, 안흥항[신진도 지역인 요아진(要亞鎭)], 흑산도, 동중국해 연안의 중국 저장성[浙江省, 당시 밍저우(明州)]으로 이어지는 바닷길로 바뀌어 태안이 교역의 길목으로 부상했다. 또한 안흥항 인근 요아진은 국제 거래를 하는 무역선이 오가는 중심 항구로 이름이 알려지기 시작했다. 요아진은 현재의 신진도와 마도를 지칭하는데, 그때에도 육지와 연결되어 있었다고 한다. 당시에는 이미 공무역(公貿易)과 사무역(私貿易)이 공존했다. 공무역은 정식으로 무역선을 통해 이뤄졌으며, 사무역은 양국의 외교 사절단이 내왕할 때 주로 이뤄졌다.

● 국신사를 비롯한 사절단의 실무를 관장하고 처리하는 관리를 일컫는다.
●● 『선화봉사고려도경』은 대개는 『고려도경』으로 약칭한다. 서긍은 이 책에서 고려를 예의범절 수준이 낮은 오랑캐로 보았다.

『고려사(高麗史)』에 기록된 송상(宋商)들의 내왕 상황에는 상인들이 대개 음력 7~8월에 남서계절풍을 이용해 배를 타고 고려에 들어와 음력 11월 이후 북서계절풍을 기다려 이를 이용하여 돌아갔다고 적혀 있다(이귀영, 2018). 바람의 방향과 힘을 절묘하게 이용해 배를 몰고 왔다는 뜻이다. 북송의 사신 서긍도 『선화봉사고려도경』에서 고려로 출발할 때는 남풍을, 돌아올 때는 북풍을 각각 이용해야 한다고 권했다.

양국의 통교 역사를 반영하듯 특히 '안흥팔경(安興八景)' 가운데 하나인 마도기암(馬島奇巖)을 품고 있는 마도의 북동쪽 해역에서는 고려시대의 선박을 비롯해 많은 유적과 유물들이 계속 발굴되고 있다. 마도는 이 섬의 생김새가 달리는 말과 같다고 해서 붙은 이름이다. 신진도는 육지와 왕래하기 위해 새로(新) 나루(津)를 개설했다고 하여 일제강점기인 1914년 일제가 행정구역을 간소화하면서 붙인 이름이다(태안문화원, 2012). 현재의 행정구역 체제에서는 신진도, 마도 등을 합쳐 신진도리라 한다.

고려 공민왕 22년(1373)에는 왜구의 침입이 잦아 태안군을 폐군(廢郡)하여 서산군에 붙여버렸다. 조선시대에는 행정구역 개편에 따라 충청도 산하 '태안현'과 '태안군'을 오가다 '태안군'으로 정착했다. 정종 때에는 '태안현'으로, 중종 때는 '태안군'으로 불렸다. 정종은 원년인 1399년 중국 사신들을 접견하기 위해 태안현 관아가 있던 백화산 자락에 '경이정(憬夷亭)'이라는 건물을 지었다. 『조선왕조실

▌배를 타고 바다에서 본 가의도 마을 전경 ⓒ김정섭

록』에 따르면 중종 19년(1524) 10월 21일 "충청도 태안군에 지진이 났다"라는 기록이 있다.

인구 규모를 살펴볼 수 있는 자료도 있다. 조선 단종 2년에 정인지(鄭麟趾) 등이 편찬한 『세종실록지리지(世宗實錄地理志)』에 따르면 태안군은 조선 단종 2년(1454) 호수(가구 수)가 173호, 인구수가 547명으로 기록되어 있어 당시 규모가 그렇게 크지 않았음을 알 수 있다. 이후 영조 33년(1757)부터 영조 41년(1765) 각 읍에서 편찬한 읍지(邑誌)●를 모아 편찬한 『여지도서(輿地圖書)』에 따르면 영조 35년(1759) 태안은 호수가 4373호, 인구수가 1만 4874명으로 늘어난 것으로 기록되어 있으며, 정조 13년(1789)년에 간행한 『호구총수(戶口總數)』에는 태안의 호수가 4094호, 인구수가 1만 4620명으로 기록되어 있다.

격렬비열도로 가는 길목에 있는 가의도에는 송나라 시대 '가의(賈誼)'라는 중국인이 섬에 유배되었다가 정착했다는 전설이 있다. 900년 전 중국인이 심었다는 은행나무도 있는데, 한 번 베어졌다가 밑동에서 줄기가 올라와 지금 명맥을 이어가고 있다고 한다. 가의도 현장을 찾아 연구자가 직접 답사한 결과 이 은행나무는 마을이 내려다보이는 높은 지대에 위치하고 있었다. 높이 40m, 둘레 7m의 거목으로 1996년 5월 29일 태안군에서 '보호수'로 지정했다. 가의도에는 1670년 무렵 김해 김씨 중조인 김시경이 들어와 살면서 후손들이 정착했고 이어 청주 고씨, 나주 주씨 등 3대 성씨가 섬 주민의 다수를 이루었다.

가의도는 1800년대 말까지만 해도 80여 호의 주민들이 살았으나 흉년으로 섬을 떠나는 사람들이 늘어 인구가 계속 줄어들었다고 한다(한상복·전경수, 1977). 마을 주민에 따르면 현재는 40호가량이 살고 있으며 성씨 가운데는 주씨가 가장 많다. 육쪽마늘의 원산지인 가의도는 대부분의 가구가 마늘 농사를 지으며, 해마다 마늘 수확철인 6월 말에서 7월 초가 되면 질병을 일으키는 균이나 바이러스가 없는 깨끗하고 질 좋은 마늘 종자를 구하기 위해 타지에서 오는 농민들로 문전성시(門前成市)를 이룬다. 가의도에는 현재 한국전력이 운영하는 섬 자체 발전소도 있고, 지하수가 나서 사람들이 거주하기 좋은 환경이다. 그러나 격렬비열도 주요

● 조선시대 지방 각 읍의 행정을 담은 역사책이자 정책 자료로서의 비중이 큰 행정 사례집을 말한다.

▌ 배를 타고 바다에서 본 섬의 산세　ⓒ 김정섭

▌ 마을 전경(아래)　ⓒ 김정섭

3개 섬은 육지에서 멀리 떨어진 절해고도(絶海孤島)로서 교통과 주거 환경이 매우 좋지 않아 오랫동안 가의도나 인근 섬의 주민들이 어로, 약초 채취 등을 위해 종종 오가는 섬이었을 것으로 추정된다.

일제강점기에 격렬비열도는 태안군 근서면에 속했다. 일제는 식민 지배에 수월하도록 1914년 전국 행정 개편을 하면서 태안군을 서산군에 통합시켰다. 태안 지역 14개 면을 7개로 줄이면서 격렬비열도는 서산군 근흥면(近興面)에 편입되었다. 일제가 태안군 근서면(近西面)과 안흥면(安興面)의 머리글자를 따서 무의미하게 '근흥면'으로 이름을 바꾼 것이다. 이 명칭은 74년 동안 그대로 내려오다가 태안 지역 주민들의 끈질기고 강력한 복군(復郡) 요구로 1989년 1월 서산군에서 분할되어 태안군 근흥면이 되었다. 복군 이전에는 1984년 서산군에 설치된 서부출장소가 태안 지역의 행정을 관할했다.

격렬비열도가 속한 태안군 근흥면은 1975년 명실상부한 어항(漁港)인 1종항으로 승격된 '안흥항(安興港)'을 끼고 있으며, 격렬비열도가 속해 있는 가의도리를 비롯해 두야리, 수룡리, 마금리, 안기리, 용신리, 도황리, 정죽리, 신진도리 등 9개 리(里)로 구성되어 있다. 1977년 7월 31일 학술 조사에서는 가의도에 71가구 370명이 살고 있었으며, 격렬비열도 중 북격렬비도에 한해 2가구 네 명이 살았다. 이때까지만 해도 북격렬비도는 등대수가 아닌 순수한 민간인이 살던 유인도였던 것이다.

▌가의도 마을 중턱에 있는 수령이 500년 된 은행나무 ⓒ김정섭

3 장

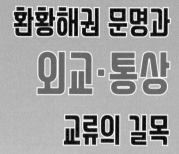

환황해권 문명과
외교·통상
교류의 길목

조선시대 중국 사신 접견장인 '경이정' 뒤편에 있는 태안 백화산 ⓒ 김정섭

01

태안의 객관 '안흥정'과 사신·상인의 활발한 왕래

태안반도는 환황해권 문명의 중심지로서 문화와 외교통상 교류의 길목이 되었다. 특히 서해 중부 횡단 항로[서해 연안-태안반도-덕물도(지금의 덕적도)-산동반도를 경유하는 바닷길]는 백제의 웅진·사비 시기에 중국의 남북조(南北朝)와 통교하던 핵심 경로였다. 백제가 웅진으로 도읍을 옮긴 직후 이 항로가 태안과 서산의 마애삼존불과 같은 북제 양식 불상이 유입된 경로였다는 점으로 미루어볼 때 중국과 통하는 서해 중부 횡단 항로의 기점은 태안반도, 예산 내포, 서산 해미, 보령 남포였을 것으로 추정된다(박남수, 2016). 고려 말기 공민왕 13년(1364) 문익점(文益漸)

■ 고려-송 시기의 여러 해상 항로
자료: 국제해양문제연구소.

교통로

교류 내용

여진

요
(거란)

농기구, 곡식, 문방구

은, 모피, 말

농기구, 곡식, 포목

은, 모피, 말

서경

유학생, 유학승

벽란도

동해

개경

남경

덩저우(登州)

황해

고려

동경

곡식, 인삼, 서적

금, 은, 나전칠기, 화문석, 인삼, 먹

비단, 약재, 서적, 자기

유황, 수은

송

합포

마쓰우라

일본

탐라

수은, 향료, 산호

광저우(廣州)

아라비아 상인

▌고려의 교역 품목

이 원나라에서 목화씨를 가져오기 800년 전에 중앙아시아와 동남아시아에서 생산된 식물성 면직물의 일종인 백첩포(白疊布)가 수입된 경로[•] 중 하나이기도 하다. 더불어 위덕왕 1년(554)에 고구려가 백제의 웅천성을 공격한 사례는 태안반도 일대가 타국의 침입에 쉽게 노출되는 지역이었다는 점을 말해준다.

격렬비열도를 비롯한 태안과 그 도서 지역은 고려시대에는 개경으로 가는 길목으로 송(宋)의 사신과 상인이 왕래하던 해상 항로 가운데 하나였다. 특히 안흥항에서 가의도를 거쳐 격렬비열도로 향하는 해역은 고려와 송의 무역선이 오가던 교역로로 활발히 기능했다. 고려시대에는 외국 사신과 같은 중요한 손님을 접대하고 편히 머물게 하기 위해 태안처럼 항과 포구가 있는 각 주현에서 '객관(客館)'을 운용했다. 이 같은 사실만 봐도 여송 외교와 무역 교류가 얼마나 활발했는지 알 수 있다. 당시 객관은 송의 사신 등 손님 접대와 환송이 주된 업무였으며 국왕에게 전달할 조서(詔書)를 임시로 안전하게 두는 시설이었다. 아울러 왕을 상징하는 전패가 있고, 각종 의례를 시행한 공간이기도 했다. 객관은 조선시대에 빗댄다면 '객사(客舍)'와 유사하다.

고려는 광종 13년(962)에 송과 외교 관계를 맺었는데, 이후 두 나라 사이의 공무역과 사무역이 크게 성행했다. 북송 진종(眞宗)과 고려 현종 집권기에 송상(宋商)의 활동이 본격화했다(박종기, 2016). 고려(918~1392)와 비슷한 시기에 존재한 송(960~1279)은 건국 직후 해외무역을 장려했기 때문에 양국의 정책과 이해가 맞아 떨어져 서해 등을 통한 교류가 활발해진 것이다. 송 태종(太宗)은 남해의 제번(諸藩: 이웃 나라들)을 불러들여 무역을 장려했고, 남송 대에는 금(金)과 대치하면서 국가 수입 증대를 위해 무역을 장려했다.

이런 정세 속에서 송과 고려, 두 나라 사이의 대외무역은 문종 집권기인 북송 말기부터 남송 초기에 가장 왕성히 일어났다. 이 무렵 송의 신종(神宗)은 거란을 견제하기 위해 고려와 친밀한 관계를 유지하려는 이른바 '친려제료(親麗制遼)'라

[•] 박남수(2016)는 '길패'라는 식물로 만든 면직물인 '백첩포'가 유입된 경로를 서해 북부 연안, 서해 중부 횡단 항로, 남부 사단(斜斷) 항로, 일본과의 바닷길로 보았다. 1999년 충남 부여 능산리사지에서 출토된 식물성 면직물(폭 2cm, 길이 약 12cm)은 6세기 중엽 백제 왕실에서 사용한 면직물로 고증되고 있다. 문익점이 목화를 들여와 재배한 것은 14세기 말엽이다.

는 외교정책을 채택하고 고려 문종 25년인 1071년에 약 50년간 중단된 고려와의 외교관계를 재개했다. 고려의 사신을 대등한 관계인 '국신사(國信使)'*로 승격시켜 주고, 의례에서 서하(西夏)**보다도 상위에 두는 등 고려를 예우했다.

선박을 이용한 송상의 왕래는 교역 업무뿐만이 아니라 양국 국신사의 왕래 및 입국 통지, 문서 전달 등 외교 지원의 성격도 띤다.

친밀한 양국 관계로 인해 교류가 활발해져 사신과 상인들이 고려 조정에 물건을 바친 사례가 많은데, 이는 기록으로 남아 있다. 관련 문헌을 보면 송 건국 이후 약 260여 년간 고려에서 송에 사신이 파견된 횟수는 57회, 송에서 고려로 사신을 파견한 경우는 34회였고, 송의 상인이 고려에 온 횟수는 120회로서 사신의 경우보다 서너 배 더 많다. 이를 추산하면 고려에 온 상인의 숫자는 최소한 5000명 정도였다고 한다(김상기, 1984).

그러나 최근 연구에서는 고려왕조가 해상 세력이 등장해 왕권을 위협할 것을 우려해 해상무역에 대해 적극적이지 않고 억상(抑商) 정책을 취하면서 토지 중심의 중농(重農)정책을 중심으로 국정을 추진했다는 분석도 있다(이진한, 2011). 고려 성종 때 외교 사신들이 행하는 공인된 사행(使行) 무역***만 허용하고, 사무역은 금지하자는 최승로(崔承老)의 상소문이 채택되면서 고려인의 해상 활동이 위축되었다는 것이다. 최승로가 성종 1년(982)에 올린 「시무 28조」에는 "사신을 보낼 때 장사꾼을 따라 붙이지 말아야 한다", "부호를 견제하고 지방 토호들의 횡포를 막아야 한다", "중국 제도를 무조건 따르는 것은 옳지 않다" 등의 내용이 들어 있다.

- 고려시대 송과의 외교관계에 따라 국가 간의 신뢰를 표하기 위해 신물(信物) 등을 가지고 오가던 사신을 일컫는다. 거란과의 관계로 벌어졌던 송과의 관계가 고려 문종과 선종 시기를 거치면서 호전되어 북송 휘종(徽宗) 집권기에는 고려 사신의 지위를 '국신사(國信使)'로 높였다. 접대 시에도 서하국 사신보다 고려 사신을 위에 두었으며, 요나라 사신과 마찬가지로 왕명을 출납하는 추밀원에서 담당하도록 했다.
- 현재의 간쑤성(甘肅省)과 내몽골(內蒙古) 서부에 위치한 나라로서 송의 지배로부터 완전히 벗어나 당시의 사저우(夏州)·인저우(殷州) 등 10여 주의 지역을 영유하고 있었다.
- '사행무역'은 외교 사절인 사신이 상거래의 주체가 되는 무역으로 주로 일국에서 사신단(외교 사절단)을 외국에 보내 신년 인사를 하거나 좋은 일이 있으면 축하를 겸해 무역을 하는 것을 뜻한다.

그러나 1970년대 이후 한반도와 산둥반도 일대에서 발굴되거나 출토된 다수의 유물, 이를테면 수장(水葬)된 중국과 고려의 선박에 실린 화물●을 보면 당시 해상 교류가 왕성했음을 알 수 있다. 이렇게 당과 송이 해상교역을 비롯해 대외무역 정책을 적극적으로 펼친 가운데 교역 상대였던 통일신라와 고려는 개방적인 대외무역의 흐름과 추세를 외면할 수 없었다(박종기, 2016). 고려 조정은 국내 정치의 안정을 위해 해상 세력을 일정 부분 견제해야 했지만, 선진 문물과 물자 조달이라는 실리적인 목적 때문에 송과의 관계를 유지하고, 간접적으로 민간 차원의 대외무역을 허용했다. 이 시기 충남 태안과 보령은 전남 신안, 목포, 진도, 완도, 군산, 나주 등과 마찬가지로 중국 산둥반도에서 한반도의 서남 해안에 이르는 동아시아 해상 교류의 길목이었다. 조선 중종 25년(1530)에 펴낸 조선의 인문지리서 『신증동국여지승람(新增東國輿地勝覽)』에 의하면 충남 지역에서는 홍주, 서산, 태안, 보령, 남포, 석성 등에 '객관'을 운용했다.

송과 고려의 사신 행차 항로는 고려 문종 28년(1074, 송 신종 7년) 거란(요나라)과의 불편한 관계로 인해 등주(登州)를 이용하는 기존의 북로(황해 횡단항로) 대신 명주[明州, 현재의 닝보(寧波)]를 경유하는 남로(남중국 항로)를 이용했다. 이로써 전라도 서해안과 충청 서해안이 중요한 길목이 되었다(윤용혁, 2010). 중국의 사서 『송사(宋史)』「외국열전(外國列傳)」고려(高麗) 편에는 "명주(明州, 밍저우)의 정해(定海)에서 순풍을 만나면 3일 만에 바다 가운데로 들어갈 수 있고, 또 5일이면 흑산(墨山: 흑산도)에 도달하여 고려 국경에 들어갈 수 있었다. 흑산도에서 여러 섬들을 통과하여 초석(礁石: 암초) 사이를 이리저리 헤치고 나아가면 배의 운행이 매우 빨라져 7일 만이면 황해도 예성강(禮城江)에 다다랐다"라는 구절이 나온다.

송의 문신 서긍은 고려 인종 원년(1123) 6월, 1년 전 세상을 떠난 고려 예종을 조문하고, 송 휘종의 조서를 인종에게 전하기 위해 고려에 온 국신사의 일원이었다. 그는 1개월간 고려에 머물며 정세와 풍습을 살피며 지내다가 귀국했다. 구체

●　대표적으로 1976년 전남 신안 앞바다에 발굴된 원나라 선적의 신안선, 2008년 발굴이 시작된 고려 선박 마도선에 고려 선박과 유물이 포함되었으며, 2005년 7~11월 중국 산둥성 펑라이시(蓬萊市) 북단의 펑라이 수성(水城)에서 발굴된 '봉래 3호선'과 '봉래 4호선'은 고려의 원양 항해용 선박으로 확인되었다.

■ 조선시대에 중국 사신이 쉬어가던 태안 경이정(위)과 그 뒷편에 위치한 백화산(아래) ⓒ 김정섭

적으로 서긍 일행은 1123년 3월 14일 송의 수도인 카이펑[開封, 지금의 정저우(鄭州)]을 출발하여 5월 16일 송의 무역항인 밍저우를 경유해 6월 2일 고려의 바다에 들어왔다. 이어 흑산도 - 군산도(고군산도) - 마도(태안 안면도 부근) - 자연도(지금의 시흥 대부도)를 거쳐 6월 12일 예성강에 도착한 후, 그다음 날 수도인 개경으로 들어갔다.

서긍 일행은 사신의 본진이 탑승한 신주(神舟) 2척, 상인들이 이용한 객주(客舟) 6척 등 8척의 선단을 이끌고 송의 저장 지역(닝보)을 경유, 전라·충청의 서해 연안 항로를 거쳐 고려에 들어왔다. 신주는 750톤급, 객주는 200~260톤급으로 추정한다(김보광·이형우 외, 2016). 서긍은 고려를 향해 항해할 때 "떠날 때는 남풍(南風)을 이용하고 송으로 돌아올 때는 북풍(北風)을 이용했다"라고 적었다. 중국 강남의 무역항 밍저우를 출발한 지 채 한 달이 못 되어 개경(開京)에 도착했다는 것을 알 수 있다. 특히 남중국에서 지근거리에 있는 고려의 수도를 향해 바다를 건너는 데는 10일 미만이 소요되었음을 짐작할 수 있다.

부연하면 서긍 일행은 1123년 5월 16일 명주를 출발해 6월 3일 흑산도 인근을 지나 6월 6일 군산도(현재 고군산도)의 객관 '군산정(群山亭)'에서 머물렀다. 그 뒤 8일에는 태안의 객관 '안흥정'에서 묵으며 정박한 다음 북상해 13일 개경에 도착했다. 안흥의 마도는 당시 안흥정이 있던 곳으로 안흥량의 핵심 지역인 관장목 입구였다. 훗날 이 일대에 있는 대섬, 마도 해역 등에서 당시 운항하던 선박 침몰로 형성된 대규모 해양 유적이 발견된 점으로 보아 얼마나 교류가 활발했는지 알 수 있다.

안흥정 외에도 조선시대에는 중국의 사신을 맞이하거나 배웅하기 위해 정종 1년(1399)에 태안의 백화산 자락에 태안현 관아의 부속 건물로 '경이정(憬夷亭)'이라는 정자를 지어 중국 사신이 쉬어갈 수 있도록 배려했다. 경이정은 이곳 해안을 지키는 방어사(防禦使: 군사 요지인 지방에 파견했던 조선시대 관직)가 군사적인 작전 명령을 내릴 때도 사용되었다. 경이정은 태안읍 동문리에 소재하고 있으며, 1986년 충남도 유형문화재 123호로 지정되어 정자를 지은 이후 여러 차례 보수되었다. '경이'는 "경파회이(憬彼淮夷)"에서 온 말로 '멀리 항해하는 사신의 안녕을 빈다'라는 뜻이라고 한다.

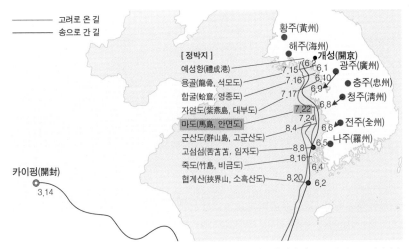

─── 고려로 온 길
─── 송으로 간 길

황주(黃州)
해주(海州)
개성(開京)
광주(廣州)
충주(忠州)
청주(淸州)
전주(全州)
나주(羅州)

[정박지]
예성항(禮成港)
용골(龍骨, 석모도)
합굴(蛤窟, 영종도)
자연도(紫燕島, 대부도)
마도(馬島, 안면도)
군산도(群山島, 고군산도)
고섬섬(苦苫苫, 임자도)
죽도(竹島, 비금도)
협계산(挾界山, 소흑산도)

카이펑(開封)
3.14

7.15 | 6.2
7.16 | 6.1
7.17 | 6.10
7.22 | 6.9
7.24 | 6.8
8.4 | 6.6
8.8 | 6.5
8.16 | 6.4
8.20 | 6.2

▌서긍의 여행 항로 태안 마도를 거쳐갔다.

따라서 태안이 포함된 서해안을 유럽의 지중해●처럼 '문명 중심지'로 격상시켜 적극적으로 해석하려는 사람들도 늘어나고 있다. 바로 '환황해권 문화론'이다. 문명 연구자들에 따르면 서해(황해)라는 내해(in-land sea)는 중국, 한반도 서부 해안, 만주의 랴오둥 지방에 연접해 있어, 공동 활동의 터를 중심으로 하는 '동아지중해(東亞地中海)', 즉 동아시아의 지중해로서 해양 문명의 주형(鑄型)이다(홍순일, 2007). 그만큼 격렬비열도를 포함한 서해는 예부터 국제적 소통이 잦았고 해안, 갯벌, 섬을 중심으로 구비전승 문화를 발전시켜 왔다는 것이다.

동아지중해는 다국 간에 연결된 행태로 이동성이 강하고, 정치·군사보다 교역·문화 등 구체적인 이해관계를 중시하고, 문화 창조 활동을 활발히 전개해 개방적으로 다양한 문화를 전파하고 수용하는 것 등을 특징으로 한다. 시인 김지하는 바로 이러한 동아지중해의 해양환경을 부각하며 황해라는 '내해 문명이론'을 전개하기도 했다(김지하, 2005).

●   '지중해(地中海)'라는 말은 '육지로 둘러싸인 해수역 또는 내해'라는 일반 명사로 쓰이기도 하며, 고유 명사로 사용될 때는 '동쪽으로 홍해와 인도양, 서쪽으로 대서양, 북쪽으로는 흑해에 면한 유럽, 아시아, 아프리카의 3개 대륙에 둘러싸인 바다'를 지칭한다. 고대에 이집트, 페니키아, 그리스, 로마에 의하여 찬란한 '지중해문화권'을 형성했다.

┃ 마도 해역에서 출토된 유물을 전시한 태안 안흥항의 국립태안해양유물전시관 ⓒ김정섭

이와 유관해 동국대 사학과 윤명철 교수가 주창한 '동아지중해(東亞地中海, East Asian-Mediterranean-Sea)' 모델(윤명철, 1996; 2016)은 동아시아의 내해인 서해안이 유럽의 지중해처럼 문명 생성과 교류, 발전의 중심지 역할을 하고 있다는 가설이다. 한민족의 활동 공간은 동아지중해의 중핵에 위치해 있으므로 대륙과 해양을 공통적으로 활용하고, 동해, 남해, 황해, 동중국해 전체를 연결시켜 줄 수 있는 '해륙(海陸) 네트워크'의 허브이므로 서해안을 경제·문화적으로 핵심 로터리 삼아 동아시아 공통의 문화를 창조해 내야 한다는 것이다.

윤명철의 견해에 따르면 동아시아는 아시아 대륙의 동쪽 하단부에 있고 한반도를 중심축으로 하면서, 한반도와 일본열도 사이에는 광대한 넓이의 동해와 비교적 폭이 좁고 넓지 않은 남해가 있고, 중국과 한반도 사이에는 황해라는 내해가 있다. 그리고 제주도를 포함한 한반도의 남부와 일본열도의 서부 규슈 지역, 중국의 남부 지역(양쯔강 이남에서 푸젠성(福建省) 지역을 통상 남부 지역이라 지칭)은 이른바 동중국해를 매개로 연결되고 있다. 연해주 및 북방, 캄차카 등도 동해 연안을 통해 우리나라와, 타타르해협(Strait of Tartary)을 통해 두만강 유역 및 연해주 지역과 그 건너편의 사할린 및 홋카이도로 연결되고 있다.

이렇게 해양을 포함한 자연지리적 환경의 영향 때문에 역사적으로는 북방과 중국에서 뻗쳐오는 대륙적 질서인 '유목문화(遊牧文化)', '농목문화(農牧文化)', '수

럽삼림 문화(狩獵森林文化)'와 남방에서 올라가는 해양적 질서인 '해양문화', '남방문화'가 서로 만난다. 그렇지만 실제로 각 지역 간에 일어났던 교류는 주로 해양을 통해 이뤄지므로 동아시아의 역사는 땅과 초원, 바다를 각각의 부분이 아닌 전체를 유기적으로 파악하는 해륙사관(海陸史觀)으로 해석해야 그 성격을 온전히 이해할 수 있다는 것이다.

02

밀입국하고 약탈하는 중국인들과 왜구의 출몰

안흥정이 있었던 안흥은 조선시대 중국 사신들이 드나들던 국제항이기도 했다. 국내적으로는 고려와 조선 시대의 곡창지대인 삼남 지방의 세곡(稅穀)을 서울로 운반할 때 배들이 지나던 길목이었다. 조선시대부터는 밀입국과 약탈을 하던 중국인과 왜구가 출몰하면서 태안은 안보상 전략적 요충지로 부상했다.

세조 19년(1460) 3월 12일 세조는 충청도절제사(節制使) 강곤(康袞)의 전략을 보고받아 병조(兵曹)에서 "태안이 남포, 본영과 함께 왜구의 첫 노정(路程)인데 방어하는 군사들이 사나흘간 이동하면서 지켜야 해서 피곤하고, 빗물이 불어나면 교대가 어렵기 때문에 방어가 허술합니다. 인근 주현과 시위패를 써서 진군과 바꾸도록 하소서"라고 건의하자 그대로 시행했다.

중종 39년(1544) 7월 19일에는 충청도수사(忠淸道水使) 지세방(池世芳)으로부터 다음과 같은 보고를 받았다.

태안군수 박광좌(朴光佐)가 태안군 남쪽 마근포(麻斤浦: 태안군 남면 신온리 마검포)에 중국(中國) 것인지 왜국(倭國: 일본) 것인지 분간이 어려운 배 1척이 닿아서 날쌘 군사를 보냈더니 쌍돛대에 기(旗)를 단 큰 배 1척이 바다 어귀에 정박했기에 "여기는 조선 땅"이라고 써서 보이고 타일렀다. 그 뒤 중국인 다섯 명이 작은 배를 타고 뭍에 내려왔으므로 그 형태를 살피고 글로 따져 물으니, 전일 마량(馬梁: 충남 서천 부근)에 와서 대었던 중국 배로 확인되어 음식을 먹여 대접하면서 다시 글을 통해 반복해서 큰 배에 있는 사람을 타일렀다. 그랬더니 이튿날 아침 중국인 10명이 또 뭍에 내려왔으므로 바야흐로 객사(客舍)에서 접대해 머물게 두었다. 배에 있는 사람이 다 내리면 그 수가 150명이 넘으니 모두 다 잡기를 기다려 사람의 수와 잡물(雜物)을 상세히 적어 다스리겠다.

이에 중종은 39년(1544) 7월 19일 왕명의 출납을 맡아보던 관아인 정원(政院: 승정원)에 전교(傳敎)하여 황당선(荒唐船)●을 타고 온 중국인들을 타일러 모두 뭍에 내리게 한 다음 역관에게 넘겨, 이미 감사(관찰사)가 있는 청주 감영(監營)으로 보냈다는 중국인 19명처럼 청주로 데려가지 말고 서울로 바로 보내라고 했다. 이날 대신(大臣) 홍언필(洪彦弼)은 "소주(蘇州, 쑤저우)와 항주(杭州, 항저우)에서 해로를 통해 장사하는 중국인들이 혹여 왜구에게 약탈당하거나 풍랑을 만나 표류하다가 우리나라로 오면 한 배에 탄 사람이 거의 200명이 되어도 으레 다 요동(遼東, 랴오둥)에 문서를 보내고 임금께는 보고를 하지 않았기에 대책이 필요하다"라고 건의하자 "앞으로 아뢴 대로 추고(推考)●●하라"라고 명했다.

중종 39년(1544) 7월 26일 태안에 표류한 중국인에 관한 다음과 같은 보고를 듣고 태안군수 박광좌 등에게 대책을 지시했다. "두인(頭人: 선장 또는 우두머리) 10명, 객공(客公: 일꾼) 60명, 수부(水夫: 허드렛일을 하는 하급 선원) 10명 등 수십 명의 중국인이 태안에 배를 타고 들어왔다. 충청도병사[兵使: '병마절도사(兵馬節度使)'의 약칭] 이몽린(李夢麟)이 태안군에 도달하니 이들은 20일 거아도(居兒島: 태안군 남면 몽산포 해수욕장 앞바다에 있는 섬)●●●로 물러갔다가 21일 어청대도(於靑代島)로 향해 갔다. 일행 중 태안군에 남겨진 중국인 두 명을 압송해 태안군수 박광좌를 시켜 추궁하니 종일 숨기다가 계속 타이르니 저물녘에서야 '고현(高賢)'이라는 사람은 일본인, '이장(李章)'이라는 사람은 명나라 사람이라 각각 고변했다"라는 것이다.

충청 감사(監司: 관찰사)는 서장을 통해 "7월 22일에는 중국의 당선(唐船)이 태안 경계에 와서 정박하여 38명은 이미 뭍에 내렸고 나머지도 해안으로 배를 대려

● 우리나라 연해에 출몰하던 소속 불명의 외국 선박을 지칭한다. 이후에는 '이양선(異樣船)' 또는 '이국선(異國船)'으로도 불렀다.

●● 사건이나 벼슬아치의 허물을 추문(推問)하여 따지고 고찰하는 것을 일컫는다.

●●● 주변의 바다가 맑아 조선 말기까지 '거울섬(鏡島, 경도)'이라 불렸다. 일제강점기에 일본의 옛 수도 '교토(京都)'와 발음이 같다 하여 이름을 바꿔야 한다는 의견이 많았는데, 1914년 아이(兒)가 어른보다 많이 사는 섬이라 하여 '거아도(居兒島)'로 바꾸었다.

하여 무신 우후(虞候)* 나광후(羅光厚)가 기(旗)를 올리고 각(角: 나각)을 울리며 군사를 거느리고 병선(兵船)으로 추적하니 당선이 놀라 돌아와 먼 섬으로 향했다"라고 보고했다. 중종은 다음 날 "들어오는 중국인들을 기다려 이들을 통해 다시 추문해 진실을 가릴 것이라면서 이들을 압송하라"라고 명했다. 아울러 "돌아가지 않는 배가 변경에서 식량을 약탈할 것으로 예상되는 고을의 방비(防備)를 미리 조치하라"라고 전교했다.

명종 11년(1566) 7월 17일 명종은 "태안군 독진(禿津: 지금의 태안군 원북면 신두리 지역 추정)에 황당선(荒唐船) 1척이 정박하여 선원 네 명이 헤엄을 쳐서 육지에 올라와 인가(人家)를 뒤지고 해안에 매어둔 민간인 개인 소유의 선박까지 약탈해 돌아갔지만 추포(追捕)하지 못했다"라는 보고를 받고 "군기(軍機)를 그르친 태안군수 허창무(許昌茂)와 소근포(所斤浦: 태안군 소원면 소근리에 있는 포구) 첨사 김옥(金沃)을 잡아다가 추고하라"라고 명령했다.

명종 12년(1577) 6월 21일 명종은 "태안에 왜선(倭船) 2척이 나타났으나 군사 출동이 늦고 후임 태안군수 유용(柳溶)이 총통(銃筒)을 쏠 때 총통이 파열되어 배 안이 아수라장이 된 데다 그로 인해 유용이 다치고 중상은 아니었지만 왜적의 화살을 맞은 채 왜선을 체포하지 못했다"라는 보고를 듣고 "엄한 군령(軍令)을 세우기 위해 병조, 비변사, 영부사가 함께 의논하여 왜선의 출몰에 잘 대응하지 못한 장상(將相)에게 죄를 주라"라고 전교했다.

격렬비열도를 비롯한 태안 지역은 현대에 이르러서도 주요한 밀입국 경로가 되고 있다. 중국과 인접한 데다 비(非)도심 지역이라는 지정학적 특수성 때문에 예나 지금이나 밀입국이 끊이지 않는다. 사례는 매우 많지만, 여기서 소개하는 몇 가지 사례를 통해 한밤중, 새벽, 점심시간 등 감시가 소홀하기 쉬운 취약 시간대에 외진 지역에 집중되는 그 실상을 엿볼 수 있다. 한국인 선주나 선원이 돕거나 브로커들이 가세해 이를 주선하는 경우도 흔하다.

● 조선시대에 병마절도사(兵馬節度使: 兵使)와 수군절도사(水使) 밑에 두었던 부직(副職)으로, 병마우후는 종3품, 수군우후는 정4품이었다. 우후는 관찰사가 겸임하는 병사(兵使)나 수사(水使) 밑에는 두지 않고 전임(專任)의 병사와 수사 밑에만 한 명씩 배치하였는데, 후기에 이르러 부장(副將)인 중군(中軍)을 두면서 관찰사가 겸하는 병사·수사 밑에는 중군을 두고, 전임 병사나 수사의 중군은 우후가 겸했다.

1997년 4월 16일 오후 5시 20분쯤에는 격렬비열도 동남쪽 4.2마일(약 6.8km) 해상에서 중국 랴오닝성(遼寧省)에 거주하는 조선족 밀입국자 20여 명을 태운 10톤급 목선이 인근 해역을 경비 중이던 태안 해경 경비정에 나포되었다. 이 목선에는 선장 김씨 등 선원 두 명과 조선족 남자 14명, 여자 여섯 명 등이 타고 있었다. 이들은 4월 14일 자정에 중국 랴오닝성 둥강(東港)시 둥강항을 출발해 격렬비열도 해상을 거쳐 태안 신진항으로 들어오던 길이었다.

1997년 9월 14일 오전 9시 30분쯤 태안군 소원면 파도리 꽃장섬 앞바다에서 15톤급 목선을 타고 밀입국하던 중국인 이모 씨(42세) 등 조선족 10명이 육군 제32사단과 충남 태안해양경찰서에 의해 붙잡혔다. 2001년 7월 5일에는 격렬비열도 부근에서 접선해 국내 알선책이 주선한 배로 옮겨 타고 밀입국한 중국인들이 대거 붙잡혔다. 탈북자 한 명과 조선족 등 무려 108명이다. 이들은 6월 29일 오전 7시쯤 태안군 근흥면 신진도를 출항해 격렬비열도 서쪽 30마일(약 48km) 해상에서 충남 보령 원산도 선적인 8톤급 광진호에 인원을 나눠 옮겨 타고 해안에 접안하다가 보령시 고정항 부근에서 붙잡혔다. 이미 육지에 도착한 이들은 서울로 올라와 염창동 모 호텔에서 숨어 있었다. 그러나 이들은 경찰의 추적 끝에 7월 5일 오전 11시쯤 은신처인 호텔에서 모두 붙잡혔다.

2002년 12월 4일 또한 오전 1시 40분 태안군 근흥면 신진도항(마도)을 통해 밀입국하려던 조선족 등 55명(남자 35명, 여자 20명)과 이들을 태운 8톤급 국내 어선 선원 한 명이 각각 발각되었다. 이 사건에도 어김없이 돈벌이에 급급한 나머지 애국심이나 준법정신을 망각한 국내 알선책이 끼여 있었다. 2003년 5월 23일 밤 11시 40분쯤에는 태안군 안면도 구매 지역으로 밀입국을 시도하던 중국인 밀입국자 27명과 선원 다섯 명이 붙잡혔다.

2005년 7월 3일에는 중국 헤이룽장성(黑龍江省)에 거주하는 이모 씨(33) 등 조선족 여섯 명이 충남 태안선적 7.93톤급 통발 어선을 이용해 밀입국하다가 경찰에 적발되었다. 이들은 같은 해 6월 30일 오후 8시께 중국 어선을 타고 산둥성 칭다오(靑島)를 출발해 공해상에서 통발 어선으로 갈아탔다. 그 뒤 7월 2일 낮 12시 8분쯤 우리 영해에 들어와 낮 12시 55분께 태안군 이원면 만대선착장으로 몰래 들어오려다 붙잡혔다. 이들은 당시 시가 3억 3000만어치로 추산되는 중국산 독사와 구

▌태안군이 2018년 새로 건조해 운용 중인 어업지도선 태안격비호 ⓒ태안군

렁이 등 6600마리를 배로 싣고 와 몰래 팔려다가 모두 압수당했다.

2020년 4~6월에는 중국에서 모터보트를 타고 태안에 상륙해 밀입국한 사례가 여러 건 확인되어 군경의 경계 책임자가 문책을 당했다.

격렬비열도 해역은 범죄자들의 밀항 경로로 이용되기도 했다. 대표적인 사례가 희대의 사기꾼으로 알려진 '조희팔 사건'이다. 조희팔은 수많은 사람들을 상대로 2900억 원대의 사기 행각을 벌였다. 2006년부터 내사에 착수한 경찰이 2008년 10월 조희팔과 핵심 측근을 사기 혐의로 수배하자, 같은 해 12월 수사망을 뚫고 격렬비열도를 거쳐 서해 공해상으로 나가 미리 대기하고 있던 배에 옮겨 타고 중국으로 달아났다. 이때 조희팔은 태안군 양식업자 박모 씨(48세)의 배를 타고 마검포항에서 몰래 출항하는 방법으로 도주했다.

4장

예부터 험로의 시발점으로 인식되었던 태안 신진도 안흥 외항 길목 © 김정섭

험로 피해 500년
운하 논쟁에
불을 지핀 수역

01

잦은 해상 참사로 세곡과 인명 피해가 컸던 공포의 항로

국세 징수는 중앙집권체제 왕권의 상징으로 국가 재정의 핵심이었다. 이에 바닷가에 창고인 조창(漕倉)을 설치해 각 군현에서 조세로 거둔 세곡과 토산품 등을 한데 모아 조운선(漕運船)을 이용해 개경으로 운반하는 '조운제도(漕運制度)'는 고려시대에 처음 실시되었다(박종기, 2016). 한반도 전역에서 수륙을 함께 이용해 물자를 운송하는 물류시스템을 갖춰 지방 곳곳의 조세를 직접 거둬들임으로써 중앙집권체제의 경제적 토대를 확립한 것이다. 일례로 고려 성종 때의 12조창은 모두 해안과 강가에 설치되었으며, 또 이곳을 통해 전국의 조세가 수도인 개경으로 수납되었는데, 이러한 조운로(漕運路)는 중국과 일본으로 이어지던 국제 해상 교역로와 정확히 일치했다. 태안 해역도 중요한 조운로 가운데 하나였다.

태안에서 발굴된 마도 1호선과 2호선 유물만 살펴봐도 당시 한반도가 동아시아 교역로의 중심지였다는 것을 알 수 있다. 서해와 남해가 조운 및 교역의 중심지가 된 것은 2000여 개 섬이 펼쳐진 리아스식 해안으로 곳곳에 간석지(干潟地)●와 선박 정박이 가능한 크고 작은 만(灣)이 발달되어 있기 때문이었다(박종기, 2016). 조운제도의 확립은 조세 운송로 확보라는 국내 교통로 차원을 넘어 국제 교류를 촉진하는 원동력이었다.

조운이 국가경제의 기반이 되었던 고려시대에는 지방의 풍부한 물산이 태안반도를 지나지 않으면 수도인 개경에 이르지 못했다(문경호, 2016). 이는 조선시대

● 강이나 하천을 타고 운반된 점토, 토사 같은 미립 물질이 하구나 해안에 퇴적되어 생기는 개펄을 지칭한다. 학술적 측면에서 간석지(tidal flat, marsh)는 약최저간조위(略最低干潮位)에서 약최고만조위 사이의 개펄로 밀물 때는 해수에 잠기고 썰물 때 해수면 위로 드러나는 평평한 해안 퇴적 지형을 뜻한다. 이를 구체적으로 세분화하면 육상 생태계에 가까운 쪽의 염생식생(鹽生植生)이 정착되어 있는 곳을 '염생습지(鹽生濕地, salt marsh)', 해안 생태계 쪽을 '갯벌(mud flat)'이라고 한다.

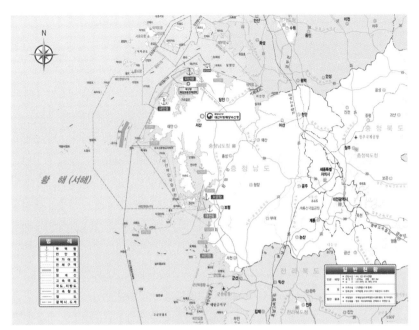

▌격렬비열도가 포함된 대산해양수산항만청의 관할 구역도

에도 마찬가지였다. 경상, 전라, 충청의 삼남 지방 공납품과 세곡 등 세금을 실은 조운선은 태안 앞바다를 반드시 지나야 강화도 연안, 조강(祖江), 서강(西江)을 차례로 거쳐 광흥창(廣興倉)에 이를 수 있었다. 조선시대에 삼남에서 생산된 공납품과 세곡은 전라도 나주의 영산창(榮山倉)과 영광의 법성포창(法聖浦倉)에다 일부를 보관했지만, 한양에서 필요한 것은 수상 운송을 통해 마포 인근에 있는 광흥창에 입고시켰다.

조강은 한강 하류 초입으로 현재 경기 김포시 조강리 조강포와 건너편 북한 황해도 개풍군 조강리 사이에 흐르는 강이며, 서강은 한강 중류로 광흥창 남쪽에 있던 강이다. 광흥창은 한양에서 공납물과 조세를 보관하던 기관으로 당시 위치는 현재의 서울시 마포구 독막로21길 13 공민왕사당 앞, 표지석이 있는 지점이다.

쌀, 옷감, 소금, 해산물 등을 가득 실은 조운선들은 당시 충청도 서안을 따라 한양으로 향했는데, 이때 원산도(현재 보령시 소속), 해미 안흥 정상구미포(현 태안군 근흥면 정죽리 옛 안흥항), 태안 서근포(태안군 소근진성), 난지도(현재 당진군 난지도)를 지나갔다. 안흥곶을 비롯한 태안반도의 돌출부는 지세와 풍랑(風浪)이 험한 곳으로 정평이 나 있어 늘 해난 사고가 잇따르는 지역이었다(강보람, 2013).

예부터 이 돌출부를 포함하는 태안군 북쪽 해역은 '관장목', 바로 옆 남서쪽 해역은 '안흥량(安興梁)'이라 불렀다. 먼저 관장목은 '관장항(冠丈項)'의 외역으로 조류가 몹시 거세고 험난해 조운선, 어선 등 선박의 침몰이 잦은 곳으로, 태안 안흥항에서 근흥면 신진도와 마도를 지나 관수각(官首角)과 가의도를 거쳐 격렬비열도로 향하는 뱃길을 말한다. 현재의 전라도에서 보령시 오천면 원산도를 지나 서산시 대산읍 독곶리 황금산(黃金山)●에 이르는 조세 물품 수송로는 지세의 특성상 육지와 섬, 섬과 섬 사이를 많이 지날 수밖에 없는 까다로운 뱃길인데 그 가운데서도 관장목이 가장 험로(險路)였다.

1123년 송에서 배를 타고 고려에 왔던 송의 사신 서긍은 태안 앞바다를 지나면서 실감한 이곳의 험난한 해로를 보고 『고려도경』에 "태안 마도 앞의 돌부리 하나가 바다로 들어가 있어서 물과 부딪쳐 파도를 돌려보내는데, 놀라운 여울물●●이 들끓어 오르는 것이 천만 가지로 기괴(奇怪)하여 말로 형언할 수 없었다"라고 묘사했다.

이곳 해역은 평상시 규칙적인 밀물인 창조(漲潮)와 썰물인 낙조(落潮)가 일어나는데, 연안 가운데 특히 학암포 부근에서 최강 창조류(밀물 시 가장 빠른 유속)가 5.0노트(knots), 최강 낙조류(썰물 시 가장 빠른 유속)는 4.8노트인 것으로 각각 조사되었다(한국해양수산개발원, 2017). 1노트는 한 시간에 1해리, 즉 1852미터를 달리는 속도이니 5노트는 시간당 9260m를 달리는 매우 빠른 속도다. 실제로 관장목이 펼쳐지는 관장항은 바다를 향해 포효하는 맹수의 형국인데, 뱃사람들은 이 구

● 충남 서산시 대산읍 대산반도 북서쪽 끝에 돌출해 있는 산(해발 156m)으로 크고 작은 용굴과 금을 캐던 굴 2개가 있다. 해식(海蝕)으로 암벽 지형이 수려하다. 고귀한(尤) 금이 나는 섬이라 하여 '항금산(尤金山)'으로 불렸으며, 1872년 지방지도에는 '항금산(項金山)'이라고도 표기되어 있다. 황금(黃金)은 평범한 금이고 항금은 그것보다 더 고귀한 금이라는 의미다. 황금산 앞바다는 수심이 깊고 유속이 빠르며 물길이 험해 황금목(黃金項)이라 불렸다. 현재 황금산 주변에는 대산석유화학단지가 조성돼 있다.

●● 하천 바닥이 폭포만큼의 경사보다는 작은 급경사를 이루어 하단은 깊은 소(沼, pool)를 형성하고 상단에는 물의 흐름이 매우 빠른 지형을 흐르는 물을 말한다.

간을 항해하며 바닷속으로 길게 늘어진 석맥(石脈)과 가의도, 관장항 사이를 빠르게 흐르는 조수 때문에 늘 공포감을 느꼈다(문경호, 2016).이어 안흥량은 이름의 유래처럼 그 지세가 국경이나 요새로 통하는 길목인 관문처럼 길고 곧게 바다 가운데로 뻗어 있고 수로가 험조하다. 안흥량으로 불리기 이전에는 지형의 특징과 잦은 해난 사고 이력 등을 반영해 '난행량(難行梁)'이라 불렸다. 한자 '난(難)'은 '까다로운, 꺼림, 재앙, 고통, 어려움'을, '양(梁)'은 '크게 굴곡진 지형'의 이름에 흔히 붙는 접미사로, 한자 그 자체로는 '제방(둑), 교량, 활 모양, 광대뼈처럼 도드라진 것, 들보(칸과 칸 사이의 두 기둥을 건너지르는 나무), 대들보(기둥과 기둥 사이에 건너지른 큰 들보)'를 의미한다. '안흥(安興)'이라는 명칭에는 인근 바다에 파도가 잦아들어 아무런 사고 없이 평안한 날이 계속되었으면 하는 지역 주민들의 간절한 바람이 담겨 있다.

관장목과 안흥량은 항로에 산재한 섬과 암초가 가장 큰 문제였지만 무시로 피어나는 짙은 해무(海霧), 수면 아래에 잠복해 있는 모래섬과 모래턱 역시 적잖이 사고를 유발하는 요인이었다. 해무는 해상의 따뜻한 공기가 찬 해면으로 이동할 때 온도 차이로 생기는 안개를 말하는데, 난류와 하절기의 영향으로 바닷물의 온도가 높아지는 4~10월에 주로 나타난다. 태안 안흥항과 그 앞바다는 평소에도 해무가 자주 끼고, 특히 수온이 올라가는 여름철에는 수시로 해무가 해상을 엄습하면서 어선과 유람선 등의 출항이 취소되는 경우가 많다.

▌험난한 물길로 유명한 관장목으로 이어지는 안흥항 ⓒ 김정섭

선박의 운항에 위협을 주는 모래턱은 태안군 원북면 학암포 앞 3km 떨어진 해상에 있는 '장안사퇴'가 대표적 사례다. 장안사퇴는 썰물로 바닷물 수위가 낮아지면서 3000년 전부터 생겨나 점차 축적된 거대한 모래섬으로 길이 35km, 폭 4km, 높이 최대 35m에 이른다. 평소에는 물속에 잠겨 있다가 밀물의 높이가 가장 높은 대조기(大潮期)인 음력 그믐이나 보름 뒤, 이틀째 되는 날부터 나흘간 나타난다. 그래서 지금은 마치 몰디브와 같은 이국적 풍경을 자아내 태안이 자랑하는 천혜의 장관으로 칭송받고 있지만 해심이나 해저지형 측정장치가 없었던 당시 조운선단의 배들에게는 해난 참사를 부르는 무서운 복병이었다. 프랑스는 1787~1876년 우리 바다를 탐사해 장안사퇴를 '방크 샤세리오(Banc Chasseriau)'라 명명해 지도에 표기했다(안세진·서지원·성효현, 2019). '사퇴(Sand ridge)'는 바닷속에서 발달한 모래 언덕으로 해저에 수평적으로 길게 연장된 모래등성이인데, 일반적으로 해수면 상승으로 해빈(海濱, beach)이 후퇴하면서 해안선과 분리되어 대륙붕에 존재하게 되거나 조류의 작용에 의해서 형성되는 경우가 많다(안세진·서지원·성효현, 2019).

태안 해역의 험지 특성은 전통 시가인 가사(歌辭)에서도 언급된다. 조선 고종 때인 1875년 조희백(趙熙百)이 쓴 기행가사 「도해가(渡海歌)」●에서도 안흥진과 관장항을 무사히 통과한 조운선이 이 구간에 접어들면 "시커먼 안개가 하늘까지 뻗치므로(黑霧漲天) 하늘은 어둡고", "돌섬과 풀등 때문에 난파(難破)의 위기를 겪었다"라는 구절이 나올 정도였다(문경호, 2016).

『신증동국여지승람(新增東國輿地勝覽)』 제19권의 충청도 태안군 편에 따르면 안흥량에서 발생한 빈번한 해난 사고는 왕을 비롯한 통치자들에게도 무시할 수 없는 위협으로 느껴져 고려 때부터 수난을 막기 위해 신진도 건너편 태안군 근흥면 정죽리 지령산(智靈山)에 '안파사(安波寺)'라는 절을 지어 이곳을 지나는 조운선의 안전을 기원했다고 한다. '안파(安波)'는 파도가 잠잠해진다는 뜻이다.

관장목과 안흥량은 예부터 농수산물이 풍부한 전라도, 경상도 등에서 세금

●　조희백이 전라도 함열(현재 전라북도 익산시 함열읍) 현감으로 재직하던 고종 12년(1875) 배에 세곡을 싣고 서해를 건너 강화도까지 지휘하며 운반한 일을 일기로 적고 나서 다시 가사로 읊은 것이다.

78

으로 거둬들인 쌀, 어류, 소금 등을 싣고 한양으로 향하는 해역 수송로였는데 험한 물살과 지형으로 조운선이 파선되거나 침몰하는 등 조운의 실패가 잦았다. 이곳에서 난파됐거나 침몰된 선박 수는 고려와 조선 시대에 보고된 것만 수백 척이다. 인명은 물론 미곡(米穀)과 선박 손실도 이만저만이 아니었다. 심지어 태종 3년(1403)에는 1000명이 넘는 선원과 쌀 1만여 석이 수몰되고, 태종 14년(1414)에는 조운선 66척이 침몰한 대형 사고도 있었다.

조세를 거둬 안전하게 개경이나 한양으로 옮겨야 나라 살림을 제대로 할 수 있었기에 조운 항로인 태안 앞바다는 항상 임금과 조정의 주요한 관심사였다. 그래서 이곳에서 일어난 사고는 빠짐없이 조정에 즉시 보고되었다. 아울러 조정에서는 이런 해난 사고가 발생하면 중대한 사안으로 인식해 긴급하게 원인을 분석하고 대책을 마련했다.

역대 왕들은 신하들과 논의해 직접적인 사고 원인을 원천 제거하고자 안흥량을 비롯한 태안반도의 조난 지대에 '조거(漕渠)'를, 즉 짐을 싣거나 풀 때 쉬이 배를

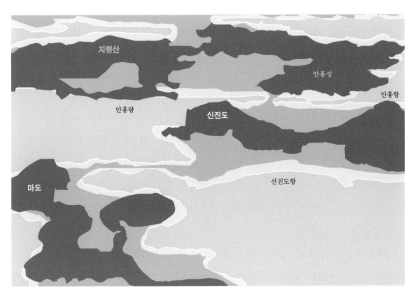

▌안파사가 있던 지령산

들이대기 위해 바닥을 파서 만든 깊은 개울로서 오늘날의 운하나 다름없는 수로를 굴착하도록 하는 등 여러 조치를 통하여 항해 여건을 개선하려 했다. 이뿐만 아니라 관련 조운 규정을 마련해 불의의 사고를 막고자 노력했다(한정훈, 2016). 더불어 『경국대전(經國大典)』 호전(戶典) 중 조전(漕轉)의 내용으로 미뤄보아 조운로에서 안전한 항해와 사고 예방 및 처리가 이뤄지도록 하는 조운 규정도 마련하고 그 규정을 점차 강화했음을 알 수 있다.

『신증동국여지승람』에는 "가장 험한 바닷길인 '난행량'은 바닷물이 험하여 조운선이 이곳에 이르면 누차 낭패를 보았으므로 사람들이 이렇게 부정적인 느낌을 주는 이름을 싫어하여 지금의 '안흥량'으로 고쳤다"라고 기록되어 있다. 이름이 바뀐 시기를 문헌을 통해 정확히 파악하기는 어렵지만 고려시대에 안흥성지, 안흥신항, 안흥진 등 지금의 태안 지역을 지칭하는 말로 '안흥(安興)'이라는 지명이 두루 쓰인 것으로 보아, 해난 사고 예방을 기리며 이런 개명이 당대에 이뤄진 것으로 추정하고 있다(김기혁·김기빈, 2010).

조선 후기 숙종 대부터 영조 대까지 활동했던 풍수·지세 학자인 청담(淸潭) 이중환(李重煥)은 『택리지(擇里志)』에서 사고로 악명이 높은 안흥량(안흥곶)의 험난한 지세를 다음과 같이 적었다. "태안 서쪽의 안흥곶(安興串)은 황해도 장연(長淵)의 장산곶(長山串)처럼 땅이 바다에 불쑥 들어가서 된 곳으로 바다 가운데 2개의 바위가 가파르게 솟았고, 배는 그 바위 사이를 지나가야 하므로 뱃사람이 매우 두려워한다. 남북 두 곶이 바다 가운데 우뚝하게 서로 마주했으므로 배들이 여기에서 많이 낭패를 당한다."

안흥량과 격렬비열도로 향하는 태안 앞바다는 유독 해저지형이 험한 데다 풍랑까지 거세 고려시대부터 조선시대까지 세곡을 운반하던 조운선이 자주 침몰했으므로 사고를 예방하기 위해 운하 굴착 공사가 줄기차게 시도되었다. 사료를 살펴보면 정말 무모할 정도다. 운하 건설 계획은 고려 인종 2년(1134)부터 시작되어 조선 중기까지 이어졌다.

처음에는 지금의 천수만과 가로림만을 가로지르는 '탄포운하(炭浦運河, 굴포운하)'의 건설이 논의되었으며 실제로 공사를 하기도 했다. 탄포운하는 구체적으로 태안군 태안읍 인평리·도내리에서 서산시 팔봉면 어송리·봉담리의 경계 지점인 탄포(炭浦)를 굴착하어 직선 수로의 뱃길을 내는 것이었다. 그다음으로는 조선 중종 17년(1522) '개미목 운하'로 불리는 '의항운하(蟻項運河)'의 굴착 시도인데, 그것은 태안군 소원면 송현리와 의항리를 연결하고자 계획한 것이다. 안면곶에 '판목운하(鑿項運河)'를 착공했다.

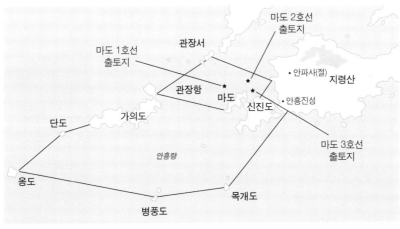

■ 안흥량과 관장항 자료: 문경호(2016).

■ 장관인 학암포 앞 '장안사퇴' 당시에는 해난사고를 부르는 복병이었다. ⓒ태안군

전문가들이 대거 동원되어 각고의 지략과 노력을 다했음에도 탄포운하 개척에 성공하지 못하자 그 대안으로 의항운하 등을 굴착했고, 그것도 여의치 않자 탄포운하 굴착지의 남과 북에 안민창(安民倉)을 설치해 관류식(貫流式)이 아닌 갑문식(閘門式) 수로를 만들어 설창육수식(設倉陸輸式) 운송을 시도한 것이다(문경호, 2016). 설창육수식 운송이란 천수만의 홍성 해안까지는 배로 운송해 배를 정박시킨 다음 수레에 짐을 옮겨 실어 가로림만 영풍창까지는 육로로 운송하고, 서울까지는 다시 배로 운송하는 물류 방식이다. 최종적으로는 기존에 만들었던 운하가 효과를 거두지 못하고 조수 간만 파도에 휩쓸려 무너지거나 뒤이은 운하 건설 시도가 성공을 거두지 못하자 차선책으로 운항로의 안전을 조금이라도 확보하기 위해 육지를 분할해 안면 내해(內海)를 관통하는 안면곶에 '판목운하'를 착공했다.

■ 어선들의 길잡이 안흥 외항 등대 ⓒ 김정섭

02
관수식 '탄포운하' 굴착에 실패하자 '갑문식' 공법으로 전환

구체적으로 해난 사고를 예방하기 위한 노력이 어떻게 줄기차게 전개되었는지, 운하 굴착이 시도된 역대 사례를 통해 살펴보자. 가장 먼저 안흥량의 험로를 피해보려는 노력은 천수만과 가로림만을 수로로 연결하려는 탄포운하 굴착 시도였는데 지금(2020)으로부터 886년 전인 고려 인종 12년(1134) 7월에 시작되어 이후에도 여러 차례 진행되었다. 먼저 『고려사』 「인종조」에 따르면 1134년 조운을 매끄럽게 하기 위해 안흥정 아래 홍주 소대현(蘇大縣) 경계 지점, 즉 탄포(炭浦)를 파서 물길을 내어 지금의 천수만과 가로림만을 연결하는 직항 수로를 내야 한다는 건의가 조정에 올라왔다.

이렇게 첫 굴착 공사가 제안된 운하가 바로 고려 인종 집권기의 '탄포운하'다. 탄포운하는 오늘날 '굴포운하'로 불리기도 한다. 건의 내용은 "안흥정 아래 바닷길은 파도가 격랑하고 바위가 험준해 이따금 배가 뒤집히니 운하를 뚫어야 합니다. 운하를 판다면 배의 운행이 매우 빨라 이로울 것입니다"였다.

그러자 고려 인종은 운하의 필요성을 공감하고 왕실의 스승으로서 주로 간관(諫官)을 맡아온 정습명(鄭襲明)을 현지에 보내 하천을 파게 했다. 그러나 지형이 험하고 조수가 밀려와 10여 리를 파고 남은 7리를 끝까지 파지 못해 완공에 실패하고 말았다. 조선 전기의 문신 김종서(金宗瑞)·정인지(鄭麟趾)·이선제(李先齊) 등이 왕명으로 고려시대 전반에 관한 내용을 정리하여 문종 1년(1451)에 편찬한 역사서 『고려사』에는 "당시 군사 수천 명을 총동원한 이 대역사는 완전한 실패로 끝났다"라고 기록되어 있다.

그러나 고려 의종 8년(1154) 운하의 필요성을 절감한 의종은 운하 공사의 재개를 지시했다. 그러나 이번에도 암반층 지반과 심한 조수간만차로 인해 실패했다. 『고려사』는 당시 상황을 "소태현(태안)에 운하 공사를 재개했지만 뚫지 못했다"

라고 적었다. 공양왕 3년(1391)에도 조운을 편리하게 하려는 목적으로 운하 굴착 필요성이 왕강(王康)●의 건의에 의해 다시 강조되었다. 당시 판전농시사(判典農寺事)로서 양광·전라·경상도 수군도체찰사(楊廣全羅慶尙道水軍都體察使) 겸 방어영 전염철사(防禦營田鹽鐵使)였던 왕강은 "태안에 예부터 물길을 냈던 곳(탄포)이 있습니다. 깊이 판 것이 10여 리이고 파지 못한 것은 불과 7리입니다. 지금 공사를 재개하면 조운이 안흥량 400리의 험로를 건너지 않아도 됩니다"라고 건의했다.

이렇게 해서 왕명으로 의종 시절에 이어 공양왕 집권기에도 탄포에서 운하 굴착 공사가 재개되었다. 근처 마을 백성 수천 명을 동원하여 4km 정도까지 파면서 공사를 진척시켰지만, 견고한 지하 암반과 돌덩이, 밀물, 썰물에 쓸려온 흙과 모래 때문에 결국 또다시 실패했다. 파는 것도 어려웠지만 조금 판 곳도 조수가 들락날락하면서 다 메워버렸기 때문이다. 결국 물 밑에 암석이 많고 조수가 흙과 모래를 실어와 메워버려 실패한 것이다.

한글학회가 2006년에 발간한 『한국지명총람』을 보면 현재 '탄포'라는 지명을 가진 곳은 안면도의 고남면 누동리(가경주 마을 동쪽)와 안면읍 창기리의 황새지 마을(불탄개 동쪽)이 있다. 『고려사』에 언급된 탄포가 어느 곳인지는 단정할 수는 없지만 홍인교까지 180리로 표현될 수 있는 지역이라면 창기리 탄포보다는 고남면 누동리의 탄포(천수만이 시작되는 곳으로부터 홍인교까지의 거리)가 맞다고 볼 수 있다(문경호, 2016)고 한다.

이 탄포운하 터가 지금 '굴포운하 터'로 불린다. 탄포운하 터는 가로림만과 천수만을 직선으로 연결해 신속하고 안전한 내륙 조운로를 확보하려 했던 야심 찬 계획을 상징하는 유산이다. 탄포운하 굴착 시도는 고려시대에서 조선시대로 이

● 한국학중앙연구원이 발간한 『한국민족문화대백과』에 따르면 왕강은 고려 말부터 조선 초까지 활동한 문신으로 고려시대 왕씨 일가의 측근 관료였다. 출생 연도는 미상이나 태조 3년(1394)까지 살았다. 공민왕 20년(1371) 어린 나이로 국자감시인 회시(會試)에 합격하자 왕이 의심해 회시의 책제(策題)를 쓰게 했으나 이를 쓰지 못했다. 그래서 복시에서 선발된 사람에게 임금이 친히 보게 한 과거인 전시(殿試)가 정지되고, 15세 이하는 과거 응시를 금지시켰다. 훗날 문과에 급제해 동진사(同進士), 성균직학(成均直學), 강녕부승(江寧府丞), 대군시학(大君侍學), 주부(注簿)를 역임했다. 1392년 예문관제학(藝文館提學)이 되었으나 역성혁명으로 조선이 개국하면서 거제에 유배되었다. 이듬해 풀려나 회군공신(回軍功臣)에 추록됐으나 태조 3년(1394) 다시 공주에 유배되고 뒤이어 고려 왕씨 일족이 화를 당할 때 함께 살해되었다.

▎안흥항 인근 조운선 침몰 대참사를 피하기 위한 역대 운하 굴착사업

운하	계획 착수와 굴착 시기	위치와 의미
탄포운하 (炭浦運河, 굴포운하)	〈고려시대〉 • 인종 2년(1134) 정습명 파견 굴착 실패 • 의종 8년(1154) 공사 재개, 실패 • 공양왕 3년(1391) 왕강의 제안에 공사 재개, 실패 〈조선시대〉 • 태조 7년(1395) 최유경 파견, 굴착 무산 • 태조 9년(1397) 남은 파견, 굴착 연기 • 태종 3년(1403) 하륜 제안으로 갑문식 공사 착수 • 태종 12년(1412) 김승주 파견 실사 후 공사 연기 • 태종 13년(1413) 우박·김지순을 판견하여 실사, 백성 5000명 동원 17일간 굴착, 완공해 놓고 보니 무용지물 • 세조 7년(1461) 신숙주·홍윤성 파견, 실사 후 포기	• 태안읍 인평리·도내리에서 서산시 팔봉면 어송리·봉담리 사이 탄포를 파서 천수만과 가로림만 직선 관통, '굴포운하'라고도 함 • 요샛말로 '희망 고문'과 같은 무리한 계획으로 지극히 이론적 접근이어서 결국 실패
의항운하 (蟻項運河)	〈조선시대〉 • 중종 17년(1522) 고형산의 건의로 대안 운하 계획 마련, 백성 3000명 동원해 4개월간 공사, 기능 미진 • 중종 32년(1537) 호조 주관으로 승려 5000명 동원해 6개월 만에 굴착, 거센 조수로 매몰되어 무용지물이 됨	• 탄포운하가 실패하자 대안으로 인근 의항운하(태안군 소원면 송현리와 의항리를 연결) 굴착 • '개미목 운하'라고도 함. 결국 운용에 실패
판목운하 (鑿項運河)	〈조선시대〉 • 인조 16년(1638) 태안 아전 방경잠, 충청 감사 김육의 상소로 운하 공사 착수해 완공 후 개통(전라 서안 - 천수만 내해 - 안면곶 통과 - 안흥항 - 강화도) • '백사수도(白砂水道)' 또는 '안면도운하'로도 불리며, 개통 후 안면도는 육지에서 고립된 섬으로 전환	• 조운 항로의 단축을 위해 태안군 남면 신온리와 '판목'으로 불리는 안면읍 창기리 안면곶을 뚫어 운하 건설 성공. 마침내 운용에도 성공해 항로 80km 단축한 효과를 거둠

어져 조선 현종 10년(1669)까지 무려 535년간 간간이 시도됐으나 험한 지형 탓으로 실제 완전한 굴착에 이르지는 못했다. 조선조에서는 고려 공양왕 때 공사가 중단된 이후 약 150년이 지나 탄포운하 공사가 재개되었다. 조선이 개국하면서 조운 사고가 빈번한 데다 지형, 조류 등 여러 가지 난관이 있었지만 운하 굴착 사업은 안전한 조운로 확보와 직결되기 때문에 재개한 것이다.

조선시대에도 너무나 많은 대형 해난 사고가 연거푸 발생해 막대한 인적·물적 피해를 줄이려는 이유도 크게 작용했다. 다산(茶山) 정약용(丁若鏞)은 『다산시문집(茶山詩文集)』 제9권 책문의 조운 편에서 "어떤 이는 양서 지방(관서, 해서)의 곡식은 장산(長山)에서 손실을 당하고, 삼남 지방(경상·전라·충청도)의 곡식은 안흥(安興)에서 손실을 당하는데, 운하를 파고 뱃길을 뚫어서 배가 다니도록 한다면 양서의 곡식이 서울에 도달될 수 있고 삼남의 곡식이 복몰(覆沒: 배가 뒤집혀 가라앉음)을 당할 염려가 없을 것이라고 했다"라고 적으며 이런 폐단을 바르게 고칠 계책을 강구해야 한다고 주장했다.

물론 모든 사고가 천재지변에 의한 것만은 아니며, 훗날 정약용이 1817년 완간한 『경세유표(經世遺表)』 제1권 호조 조에 명기한 지적처럼 관료들의 부정부패도 상당한 원인이었던 것으로 보인다.* 정약용은 이 책에 "뱃길 가운데 위험한 곳 중 하나가 안흥량이다. 파선(破船)되는 배가 해마다 10여 척은 된다. 그 원인으로 첫째, 배를 만드는 제도가 좋지 못했고, 둘째, 수령들이 가외(加外)의 짐을 실은(과적했기) 때문이며, 셋째, 뱃사람들이 일부러 파선시키기 때문이다. 파선시키는 것이 10척 가운데 일고여덟 척이나 된다"라고 적었다.

1395년에서 1455년 사이에 태안 안흥량에서 발생했던 사고만 해도 파선되거나 침몰된 선박이 200여 척, 사망자는 1200명, 미곡 손실 1만 5800석 이상이었다고 한다. 대표적으로 태조 4년인 1395년 경상도 지방에서 세곡을 싣고 태안 안흥량을 지나던 조운선 16척이 침몰했다. 태종 3년인 1403년에는 조운선 34척이 침몰해 선원이 1000여 명이나 사망하고 쌀 1만여 석이 풍랑에 소실되었다. 태종 14년인 1414년에도 조운선 66척이 침몰하고 미곡 5000석이 소실되어 큰 손해를 보았다. 세조 1년인 1455년에도 험로인 안흥량에서 조운선 54척이 침몰했다.

전남 해안 '신안 앞바다'에서 수많은 해저 유물이 탐사되어 인양되었듯이, 당시 태안 앞바다 해운로의 길목이던 마도 인근 해역에서 2008년 지역 주민의 문화재 발견 신고 이후 수많은 난파선 속 문화재가 세상에 드러났다. 이는 잦은 침몰 사고와 무관치 않다. 문화재청에 의해 인양 및 발굴된 이 유물들은 고려와 조선이 중국 대

● 조운선의 잦은 침몰은 관리의 부패와 연관되어 있었다. 일부 관리들이 세곡이나 공물을 착복하고 문책이 두려워 일부러 배를 침몰시키는 경우도 있었다는 것이다. 구체적으로 세곡을 관장하는 고을 수령들이 세곡(쌀)을 걷으며 뇌물로 받거나 착복한 별도의 짐을 실어 과적(過積)으로 배가 침몰하게 하는 수법, 조운선 감독관들이 일부러 수송 날짜를 늦추가며 배에 실은 세곡을 팔아 착복하는 수법, 고의로 배를 안면도 암초에 부딪쳐 좌초시킨 후 세곡을 육지로 빼돌린 다음 배를 파선(破船)시켜 해난 사고로 허위 보고하는 수법, 현장 조사를 나와도 뇌물을 주고 적당히 무마하는 수법 등이 빈번했던 것으로 보인다.

류과 교역한 흔적인 동시에 조운 사고의 역사적 증거라 할 수 있다.•

조선 태조부터 철종에 이르기까지 25대 472년간의 역사를 연대순으로 기록한 편년체(編年體)의 『조선왕조실록』(박춘석, 2002)에 따르면 조선 태조 이성계(李成桂)는 안흥량 해역이 험난하여 물자와 인명의 소실이 심각하다는 장계를 받고, 이 험난한 해역을 피할 안전한 해운로를 확보하기 위해 신하를 보냈다. 태조는 곧 태안 북쪽 땅에 굴착할 운하공사 계획을 보고받았으나 결국에는 공사 재개가 어렵다는 결론이 나와 포기할 수밖에 없었다.

태조 7년(1395) 6월 6일 태조는 지중추원사(知中樞院事: 중추원의 종이품 벼슬) 최유경(崔有慶)을 태안에 보내 조선(漕船)이 다닐 수 있는 운하를 파는 것을 검토하도록 지시했으나 "땅이 높고 굳은돌이 있어서 갑자기 팔 수 없습니다"라는 보고를 받았다. 태조는 이어 2년 뒤 1397년 남은(南誾)을 파견해 다시 현장을 살폈지만 두텁고 단단한 암반층을 도무지 파내기 어려워 공사를 연기했다.

운하 건설에 대한 관심은 선대인 태조에 이어 태종으로 계속되었다. 태종이 즉위한 후 3년이 되던 1403년 조운선 34척, 미곡 1만 석, 선원 1000여 명이 수장되는 '초대형 참사(慘事)'가 일어났다. 인명 피해만 해도 악몽과 같은 '세월호 사건'보다 두 배 이상 큰 엄청난 규모의 사고였다. 충격을 받은 태종은 비책을 제시할 것을 신하들에게 요구했다. 그러자 태종 책사로 신임이 두터운 하륜(河崙)이 갑문식 운하 시공 기법을 제시했다. 고려시대 왕강(王康)이 실패했던 난공사 구간을 갑문식으로 바꾸어 건설하면 될 것이라는 주장이었다.

하륜은 "고려 때 왕강이 뚫던 곳(탄포)에 먼저 지형이 높고 낮음에 맞춰 제방을 쌓고, 물을 가둡니다. 그리고 나서 제방마다 소선(小船)을 둡니다. 둑 아래를 파서 조운선이 포구에 닿으면 화물을 그 소선에 옮겨 싣고, 두 번째 저수지를 건너 다시 세 번째 둑 안에 있는 소선에 다시 화물을 옮겨 싣게 합니다. 공사를 마무리하여 이렇게 차례차례 순차적으로 화물을 운반하면 안흥량에서 조운선이 전복되는 근

• 특히 난파선에서 발굴된 '목간'은 조운 화물의 구체적 내역, 수취인, 발송자 등을 표기하고 있어 침몰로 배가 그대로 수장된 채 유구한 세월을 이어온 것을 알 수 있다. 일례로 마도 1호선(당시 선박)에서 발굴된 목간에는 "나주 광흥창(羅州 廣興倉)"이라는 문구가 있어 나주에서 출발해 한양 광흥창으로 향하는 화물임을 알 수 있으며, 발송자는 지방 향리, 수취인은 "대장군 김순영"이라 새겨져 있다. 광흥창은 고려 충렬왕 때 최초로 설치되어 조선시대까지 존속한 관아로 관리들의 녹봉을 관장했다.

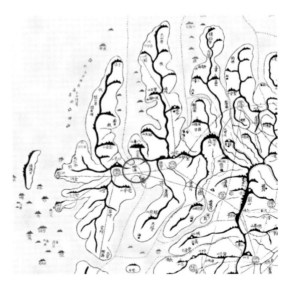

▌『대동여지도』(위)에 나온 탄포운하(붉은 원) 이는 가로림만과 천수만을 관통하려는 시도였다.

심을 면할 것입니다"라고 건의했다.

하륜이 제안한 갑문식 운하는 기존의 관수식 운하와 달리 지형의 높낮이에 따라 제방을 쌓고 물을 가뒀다가 제방마다 작은 배를 두어 둑 안에서 화물을 옮겨 싣는 방법을 말한다. 굴포 지역에 수위가 다른 5개의 저수지를 만들어 저수지마다 작은 배를 띄워서 짐을 다음 단계로 운송한 뒤 이를 연이어 실어 나르는 방법이었다.

태종은 명확한 판단과 결정을 위해 태종 12년(1412) 11월 16일 참찬 의정부사(參贊 議政府事: 의정부의 정이품 관직) 김승주(金承霔)를 화공(畵工)과 함께 현장으로 보내 지형의 지세를 살피도록 하고 작도(作圖)를 하게 하여 보고를 받았다. 그 뒤 여러 가지 대안을 모색했으나 결국 지반이 너무 단단한 돌로 되어 있어 어렵다는 신하들의 의견을 듣고 "내가 독단할 일이 아니니 의정부에서 여럿이 의논하여 결정하라"라고 전교했다. 출장을 다녀온 김승주는 당시 "고려시대에 왕강이 운하를 뚫어 수로를 만들려 시도했으나, 그 땅이 모두 돌산이어서 실효를 보지 못했다"라고 보고했다.

김승주는 대신 하륜의 제안과 유사하게 왕강이 굴착하려 한 곳에 제방을 쌓고 물을 가두어 작은 배들을 띄운 뒤 이를 이용해 큰 배인 조선(漕船)에 실린 조세(租稅)를 연이어 옮겨 싣는 방식으로 문제를 해결하자는 대안을 건의했다. 결국 태종은 결심 끝에 변형된 갑문 방식으로 운하를 파기로 결정하고 태종 13년(1413) 병조참의(兵曹參議: 병조에 속해 병조참판과 병조판서를 보좌하던 관직) 우부(禹傅)와 의정부 지인 김지순(金之純)을 보내 이들의 감독하에 인근 마을 백성 5000명을 동원해 그해 1월 29일부터 2월 10일까지 단 17일 만에 바닥을 굴착하고 5개의 방축을 쌓는 공사를 마무리했다.

이 시기 공사 구간은 남북으로 이어진 도랑을 제외면 제방 길이는 총 352m에 지나지 않았으며, 남쪽과 북쪽으로 이어진 도랑을 다 포함하더라도 그 길이는 1.3km 정도로, 이를 리(里)로 환산하면 약 3리(약 1.18km)여서 고려시대 착공하지 못한 구간이었던 7리(약 2.74km)에 훨씬 미치지 못했다(문경호, 2016). 해당 구간은 현재의 서산시 팔봉면 진장리의 고성골 마을 북서쪽으로부터 북쪽 창포 해안(진장리 919번지 일대)까지의 거리인 1.3km 가운데 일부로 판단된다. 그러나 이 운하는 만들어놓고 보니 정작 이론과 달리 제 기능을 하지 못했다. 첫째, 축조한 저수지의 면적이 너무 작아 큰 배를 대기 어려웠으며, 댈 수 있는 작은 배도 고작 몇 척밖에 되지 않았다. 둘째, 북쪽은 저수지 안에 암석이 가로놓여 있어 큰 배가 운항할 수 없었다. 이 두 가지 이유로 완공 기록에는 "쓸데없이 백성들의 힘만 낭비했을 뿐 조운에 도움이 되지 못했다"라고 비판적으로 쓰여 있을 정도였다(강보람, 2013).

공사가 끝난 지 한 달이 지난 1413년 3월 12일, 충청도 관찰사 이안우(李安愚)가 "바람이 거칠고 암반(지반이 흑운모화강암)이 험해 큰 배가 정박하기 어렵다"라고 상소했다. 조수(潮水)를 이용할 수 있는 기간이 10일 정도인 데다 짧은 구간에서 일곱 차례나 배에 옮겨 싣고 내리는 과정을 반복하다 보니 노동력이 많이 들고 훼손되는 곡식이 크게 늘어난 것이다. 이에 수차례 공사를 보완해 대안을 찾으려고 했다.

일례로 물가에 창고를 짓고 평저소선(平底小船: 150석 정도 적재 가능한 작은 배)을 만들어 릴레이식으로 운송했으나 막상 해보니 편리함보다 불편함이 더 많았다. 이런 문제로 인해 충청도 관찰사가 두 차례에 걸쳐 공사 중단을 요청하는 내용을 담은 상소문을 올리자 운하 공사는 결국 중단됐다.

세종 1년(1455) 9월 10일에는 충청도 관찰사로부터 전라도의 조운선 54척이 3일 안흥량을 지나다가 바람을 만나 선체 전체가 파손되어 침몰했거나 향방을 알지 못한다는 보고를 받고 경기도 관찰사를 비롯한 각 도 관찰사들에게 인명 및 선박 수색과 표류자의 구조, 음식 지원 등을 지시했다. 이어 문종 1년(1451) 6월 26일 "영산성(榮山城: 지금의 전라남도 나주시 삼영동 영산창성지)의 조운선이 태안 안흥량에 이르러 21일 큰 풍랑을 만나서 배 7척이 침몰하고 사람은 겨우 생존했으며, 나머지 배 4척은 간 곳을 모른다"라는 전라도 조전경차관(漕轉敬差官)의 보고를 받고 수색과 사고 처리를 지시했다. 이후 세조는 세조 7년(1461)부터 세조 10년(1464)까지 임영대군(臨瀛大君) 이구(李璆: 세종대왕과 소헌왕후의 넷째 아들) 등 네 명의 대군과 영의정 신숙주(申叔舟), 홍윤성(洪允成) 등에게 태안 현장을 직접 방문해 실사토록 한 후 공사의 재개 여부를 타진하게 했다. 특히 세조 7년(1461) 4월 6일에는 전라도 조전선(漕運船) 16척이 태안 앞바다에서 침몰해 상심이 컸다. 그러나 현장에 도착한 임영대군과 신숙주 등 일행은 지형을 살펴보고 1464년 3월 13일 "물길이 바르지 않고 진흙이 물러서 파는 대로 무너지니 공사 재개가 어려울 것입니다"라는 의견을 올렸고, 결국 공사는 무산되었습니다.

03

탄포운하의 대안으로 시도된 '의항운하'와 '판목운하' 건설

조선 중종 때는 탄포운하 대신에 의항운하(蟻項運河) 및 신항(新港)의 굴착이 주요 국정 과제로 떠올랐다. 의항운하는 '개미목 운하'라고도 불렸는데 이는 중종의 새롭고 창의적인 시도였다. 의항운하 프로젝트는 중종 17년인 1522년 마련된 것으로 태안군 소원면 송현리와 의항리를 연결하는 새로운 운하 건설 계획이었다. 1522년 1월 8일 삼도제찰사 고형산(高荊山)은 전라도 조운선이 통행할 때 침몰하는 화를 면하기 위해 수군을 동원해 태안의 안항량(安恒梁)과 의항(蟻項)을 굴착해 달라고 건의했고, 호조(戶曹)에서 이를 받아 중종 임금에게 청하니 윤허(允許)했다.

당시 고형산은 굴포 부근인 '개미목'을 그린 그림 2장을 중종에게 올렸다. 탄포운하의 굴착이 어려우니 공사 지점을 다른 인근 지역으로 옮겨 굴착하는 것이 필요하다고 작도(作圖)까지 해 건의한 것이다. 당시 마을 백성 3000여 명을 동원해 4개월간 공사를 했지만 운하는 제 기능을 할 수준으로 굴착되지 못했다. 의항운하도 결국 건설에 실패한 것이다.

중종 28년(1533) 6월 12일에는 갑자기 조선 하늘에 혜성(彗星)이 나타난 사건, 즉 성변(星變)으로 인한 흉조(凶兆)에 대한 대책을 논했던 일이 있었다. 이날 특진관(特進官: 임금의 학문 수양을 위해 유교의 경서와 역사를 가르치고 임금의 자문관 역할을 맡던 관직) 이귀령(李龜齡)이 "태안 안행도 부근에는 조선(漕船)이 침몰되지 않은 경우가 드뭅니다. 물에 빠져 죽은 사람이 얼마인지 모름은 물론이고, 해마다 잃어버리는 쌀이 몇 곡(斛)●인지 모릅니다. 그리고 건진 쌀을 빈민에게 나누어 지급하고 그 숫자만큼 새 쌀로 거둬들이므로 그 폐단이 적지 않습니다"라고 중종에

● 곡식, 액체, 가루 등을 잴 때 쓰는 열 말에 해당하는 용량 단위. 한 말은 한 되의 열배로 약 18리터에 해당하기에 열 말은 180리터를 말한다.

게 호소하자 중종은 "대신과 의논하도록 하겠다"라고 답한 기록이 나온다.

'개미목 운하'는 13년 후 중종 30년(1535) 다시 수면 위로 떠올랐다. 중종 31년 (1536) 11월 호조 주관으로 1537년 2월부터 호패(號牌) 제공을 명분 삼아 승려 5000명을 동원해 개미목 운하 공사를 재개하여 6개월 만에 굴착을 마쳤다. 중종은 공사 책임자 박수량과 이현에게 잘 단련된 말 1필씩을 상급으로 내려 공을 치하했다. 그러나 준공 후부터 밀려온 흙과 모래로 굴착 구간이 점차 메워지거나 무너져 개미목 운하는 수포로 돌아가고 말았다.

엎친 데 덮친 격으로 왕에게 공로상을 받은 현장 공사 책임자 이현이 2년 뒤 삭탈관직(削奪官職: 현재 보유하고 있는 벼슬과 품계를 빼앗고 벼슬아치의 명부인 사판에서 이름을 깎아버리는 처벌 조치)되었다. 당시 그의 죄목은 첫째, 공사 때 많은 뇌물을 받은 것, 둘째, 공사에 동원되지도 않은 승려들에게 호패를 발급해 준 것, 셋째, 공사에 사용했던 기물들을 사사로이 간척지를 메우는 데 사용한 것이었다.

'탄포운하'와 '개미목 운하'가 모두 소용없어지자 당시 사람이 거의 살지 않고 왕실로 납품하던 소나무가 무성하게 자라던 숲으로 이뤄진 육지였던 안면도의 안면곶을 뚫어 운하를 건설하자는 '판목운하(鑿項運河)' 건설 방안이 제안되었다. 1808년 『만기요람(萬機要覽)』에 따르면 조선 인조 대 태안의 아전 방경잠(房景岑)이 충청 감영을 통해 안면읍(당시 육지)과 태안군 남면 사이 육지를 잘라 운하를 건설하자고 건의했다. 인조 16년(1638)에는 충청 감사 김육(金堉)이 운하 공사에 대해 상소를 올렸다.

방경잠의 제안은 좌우로 바다가 보이는 안면읍 초입 안면곶의 좁은 지점을 뚫어 천수만 내해를 거쳐 조운선이 안전하게 수도 한양으로 올라올 수 있게 하자는 계획이었다. 남면 신온리와 안면읍 창기리 간의 접점인 판목마을, 즉 안면곶이 바로 그 지점이다. 결국 인조는 공사 추진을 결정했다. 이 계획을 효종 때 우암 송시열(宋時烈)●이 지원해 공사를 잘 마치게 되었다는 설도 있다. 결국 공사가 잘 끝나

●　　조선 현종 10년(1669) 1월 송시열은 별도로 물길이 순한 곳을 택해 창고를 설치하고 태안반도를 육로로 횡단한 후 다시 선박에 싣는 운송 방법을 강구해야 한다는 주장을 펼치기도 했다. 이에 따라 같은 해 2월 안민창사목이 제정되고 3월 창고 건립 공사가 착공됐다. 그러나 이 방법도 육로를 통한 세곡 운반이 시작되면서 금세 중단되었다(≪대전일보≫, 2013.3.26).

오늘날 '백사수도(白砂水道: 빛깔이 희고 깨끗한 모래가 있는 물길이라는 뜻)'*로 불리는 판목운하, 즉 안면도 운하가 완성되었다. 판목운하는 인조 6년(1638) 최종 개통되었다. 현재 제주도의 16분의 1 크기인 태안군 남쪽 '안면도'가 육지에서 떨어져 나가 인위적인 '섬'으로 만들어진 사연이기도 하다.

판목운하는 프랑스 툴루즈(Toulouse)와 지중해를 연결하고 오드강(Ord River)과 가론강(Garonne River)을 경유해 대서양으로 가는 수로가 열리도록 터널로 굴착되어 1692년 개통한 프랑스의 '미디 운하(Languedoc Canal)', 지중해와 홍해를 관통하도록 프랑스가 시공해 1869년 개통한 '수에즈 운하(Suez Canal)'보다 건설 시기가 앞선 것이다.

결론적으로 탄포운하와 개미목 운하의 대안으로 탄생한 내포(內浦) 지역의 판목운하는 '우리나라 최초의 운하'로 안면도와 충청 서안의 역사를 바꾸어놓았다. 원래 육지였던 안면도의 좁은 목을 잘라 운하를 굴착한 것이다. 이는 태안 조운로에 왜구가 출몰해 약탈이 잦고 거친 풍랑과 해저지형으로 사고가 잦자 안면 지역의 가장 좁은 목을 잘라내 굴착함으로써 인공수로를 내어 물길을 만든 불가피한 차선이었다.

판목운하가 건설되자 경상도, 전라도에서 북상하는 조운선들은 좀 더 단축된 수로인 안면 내해의 천수만(淺水灣)**을 이용하게 되어 기존 항로인 안면 외해로 수송하는 것보다 80km 정도 거리를 단축할 수 있었다고 한다. 홍주목(지금의 홍성) 등 인근 주현을 오가는 세곡선도 더욱 안전하게 운행할 수 있었다. 건설 당시에도 이 물길을 이용하면 홍주목 등 천수만 동편의 군현에서 한양으로 가는 뱃길이 200여 리 단축된다는 효과가 강조되었다.

안면도는 그 후 1638년 뒤 330여 년간 육지와 떨어진 섬이 되어 주민들의 생활권이 북쪽 지역은 태안읍, 남쪽 지역은 홍성군 광천읍에 속하게 되었다. 일제강점

기에는 판목운하에 더 큰 배가 다닐 수 있게 보강 굴착 공사를 했다고 한다. 1970년 태안과 안면도를 잇는 연륙교(連陸橋)인 안면교(安眠橋)가 준공되면서 다시 육지와 이어졌다. 이후 안면교가 낡아서 안전에 문제가 생기자 1997년 그 인근에 새로운 '안면대교(安眠大橋)'를 건설했다.

안면도 운하 개통 이후에는 '내포(內浦)'라는 지명이 널리 알려졌다. 내포는 '물가 안쪽에 있는 마을', 즉 바다로 이어지는 운하 안쪽 마을이라는 뜻이다. 현재 내포 가운데 홍성·예산의 영역이 겹친 곳에는 신도시(내포 신도시)가 조성되었으며, 이곳에 충남도청도 들어서 있다. 조선 후기 실학자 이중환은 자신의 저서 『택리지(擇里志)』[*]에서 내포는 가야산(伽倻山) 앞뒤 10개 고을을 지칭한다고 정의하며, 경북 예안·안동·순흥·영천·예천[**], 전남 구례 남쪽 시냇가의 구만촌(九灣村)[***]과 함께 가장 살기 좋은 터로 꼽았다.

이중환은 내포에 대해 "지세(地勢)가 한 모퉁이에 멀리 떨어져 있고 큰 길목이 아니므로 임진년(壬辰年)과 병자년(丙子年)에 일어난 두 차례의 난리(임진왜란, 병자호란)에도 적군(敵軍)이 들어오지 않은 데다 땅이 기름지고 평평하며 생선과 소금이 매우 흔하므로 부자가 많고 여러 대를 이어 사는 사대부 집이 많다"라고 평했다. 이중환의 평가로 인해 내포가 더 없이 좋은 터인 '길지(吉地)'로 전국에 널리

---

[*] 이중환은 『택리지』에서 사람이 가장 살기 좋은 터의 조건으로 첫째, 지리[地理: 터의 형이상학적 이치가 빼어나고 음습하고 더러운 땅에서 생기는 독한 기운, 즉 '장기(瘴氣)'가 없는 조건]가 좋아야 하고, 둘째, 생리(生利: 그 땅에서 나는 소출과 경제적인 이익)가 좋아야 하며, 셋째, 인심(人心)이 좋아야 하고, 마지막으로 아름다운 산과 물이 있어야 한다고 하면서, 이 가운데 하나라도 모자라면 살기 좋은 땅이 아니라고 했다.

[**] 현재 예안(禮安)은 경상북도 안동시 예안면, 안동(安東)은 안동시 시내(옛 안동읍 지역), 순흥(順興)은 영주시 순흥면, 영천(榮川)은 영주시 시내(옛 영주읍 지역), 예천(醴泉)은 예천시를 각각 지칭한다. 5개 지역에 대해 이중환은 『택리지』에서 "이 고을들은 이백(二白: 태백산과 소백산)의 남쪽이 위치했는데, 이곳이 신이 알려준 복된 지역이다. 태백산 밑은 산이 평평하고 들이 넓어 명랑하고 수려하며, 흰 모래와 단단한 토질로 기색이 완연히 한양(漢陽)과 같다. 예안은 퇴계 이황(李滉)의 고향이며 안동은 서애 유성룡(柳成龍)의 고향이다. 고을 사람들이 이 두 분이 살던 곳에다 각각 사당을 짓고 제사 지낸다. 그러므로 서로 가까운 이 다섯 고을에 사대부가 가장 많으며, 이들은 모두 퇴계와 서애 문하생의 자손들이다"라고 적었다.

[***] 전라남도 구례군 용방면 구만리를 지칭한다. 현재 까치절산(296.6m)을 끼고 상류 계곡에서 흘러내려오는 시냇물을 가둔 저수지 '구만제'와 '구만유원지'가 있으며, 구만제를 통과해 흐르는 시냇물은 '사천'으로 합수(合水)해 곡성 쪽의 강물과 만나 '섬진강'의 큰 물줄기를 이룬다.

알려졌고 이런 지세 평가는 새로운 충남도청 터잡이 근거 중 하나로 작용했다.

각종 문헌에 따르면 안면도의 판목운하가 개통되고 나서도 조선 말기까지 연간 10여 차례의 해운 사고가 이어졌다고 한다. 그 원인은 국란인 임진왜란과 병자호란을 겪으면서 조정의 예산이 부족해지자 조정이 조운선의 운영권을 경강상인(京江商人)*이나 지역 상인들에게 위탁해 결과적으로 조운의 안정성이 떨어지고 운영 실태가 문란해졌기 때문이다. 앞에서 소개한 정약용의 지적처럼 부패한 일부 지방 관리들이 상인들과 결탁해 세곡을 몰래 편취하고 편취한 세곡을 배에 추가로 실어 과적(過積)했다가 침몰 사고를 내거나, 자신의 비위를 숨기기 위해 고의로 침몰 사고를 내는 일이 적잖이 일어난 것 또한 그 이유였다.

---

* 조선 후기 한강을 중심으로 정부가 거둔 세금을 수송하는 일에 종사한 상인으로 한양에서 활동하는 상인이라는 의미인 '경상(京商)'과 한강을 무대로 활동하는 상인이라는 의미인 '강상(江商)'이 합쳐진 말이다. 17세기 이후에는 곡물 도매를 하면서 점차 자본을 축적해 사상(私商)으로 성장하여 특권 상인인 '시전 상인'과 경쟁했다. 19세기에 이르러서는 축적한 대자본을 무기로 곡물을 매점매석해 도매로 되파는 도고(都賈: 도매상인)로까지 성장했다.

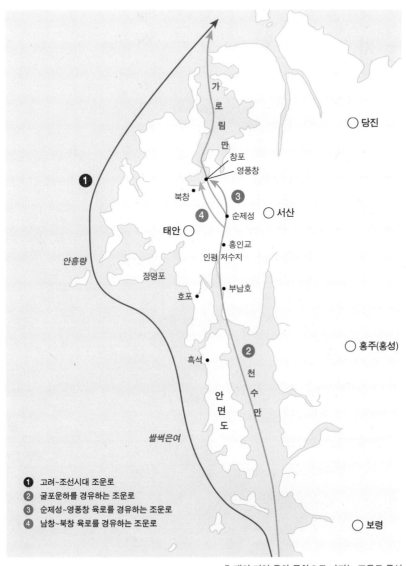

가
로
림
만

○ 당진

창포

영풍창

북창 •

③

④ • 순제성

○ 서산

태안 ○

• 흥인교

인평 저수지

안흥량

장명포

호포 •

• 부남호

○ 홍주(홍성)

흑석 •

②

천
수
만

안
면
도

쌀썩은여

❶ 고려~조선시대 조운로
❷ 굴포운하를 경유하는 조운로
❸ 순제성~영풍창 육로를 경유하는 조운로
❹ 남창~북창 육로를 경유하는 조운로

○ 보령

▋ 태안 지역 운하 굴착으로 바뀌는 조운로 동선

자료: 문경호(2016).

5 장

영토 전쟁시대의 서해,
군사안보
요충 해역

01

중국과 접경으로 영토 매입 시도, 어업권 침탈 격화

격렬비열도는 중국과 바다로 국경을 맞대고 있는 외교적·군사적 요충지이다. 이곳 해역은 예부터 중국과 사람과 물자가 오가던 활발한 소통과 교류의 장(場)이었다. 양국 사신이 오가던 외교의 길목인 데다 활발한 상거래와 무역이 펼쳐지던 중요한 교역 항로이기도 했다. 중국은 최근 들어 "자신의 재능(才能)이나 명성(名聲)을 드러내지 않고 견디고 때를 기다리며 실력을 기른다"라는 덩샤오핑(鄧小平) 이래 실시한 '도광양회(韜光養晦)' 정책을 종료하고, 국력의 신장과 그에 따른 자부심에 발을 맞춰 '이제 미국과 견줄 만큼 큰 나라(G2, Group of 2)가 되었으니 우뚝 일어나 그 기세를 떨치자는 '대국굴기(大國屈起)'를 모토로 외교·통상에서 확장정책을 펴는 것은 물론이고, 장기적으로는 신(新)실크로드 전략으로서 중국 중심의 경제 벨트를 구축하기 위해 '일대일로(一帶一路) 사업'●을 전개하며 자국의 영향력을 극대화하려 하고 있다.

우리나라는 이에 맞서 경계심을 늦추지 않고 있는데, 서해 최서단 격렬비열도가 이 같은 중국 주도의 이슈에 휩쓸리지 않게 다각도로 대책을 강구하고 있다. 격렬비열도 가운데 서쪽에 있는 서격렬비도는 중국 산둥반도와의 거리가 불과 268km밖에 안 된다. 비유하자면 대략 서울부터 정읍·부안, 또는 서울부터 대구까지의 거리(약 270km)와 비슷하다.

그렇다 보니 중국은 격렬비열도와 인근 해역에 대한 '지역분쟁화'를 겨냥하며 자국의 영해나 배타적경제수역을 확대하려는 속내를 넌지시 드러내며 적잖은 공

●　시진핑(習近平) 중국 국가주석이 2013년 9~10월 중앙아시아 및 동남아시아 순방에서 처음 제시한 중국 주도의 '신실크로드 전략 구상' 전략이다. 한마디로 주변 60여 개 국을 끌어들여 내륙과 해상의 실크로드 경제벨트(One belt, One road)를 구축하겠다는 계획이다. 2014년부터 35년간(2014~2049) 고대 동서양의 교통로인 중앙아시아와 유럽을 잇는 현대판 육상 실크로드(일대)와 동남아시아와 유럽, 아프리카를 연결하는 해상 실크로드(일로)를 구축하겠다는 것이다.

세를 펼치고 있다. 해역의 영토분쟁은 일본의 독도 문제 제기처럼 문제를 야기하며 이슈 파이팅을 하는 쪽에 국제사회의 시선이 쏠리기 때문에 상대의 지능적이고 자극적인 도발이나 공격적인 전략에 말려들기보다는 실익을 고려해 차분하고도 짜임새 있는 대응이 필요하다.

구체적으로 중국은 격렬비열도 해역에서 그간 펼쳐진 한미 합동군사훈련에 경계심을 드러냈다. 이 훈련에는 중국의 건너편인 경기도 평택시 포승읍 해안가에 위치한 우리나라 해군 2함대를 비롯한 국군과 미군이 참여한다. 천안함 사건 이후에는 한미 양국이 조지 워싱턴호를 동원해 대북 무력시위 성격의 연합훈련을 격렬비열도와 인근의 석도(근흥면 가의도리 산25) 수역 등 서해에서 실시하려다 중국이 반발해 동해로 변경하기도 했다.

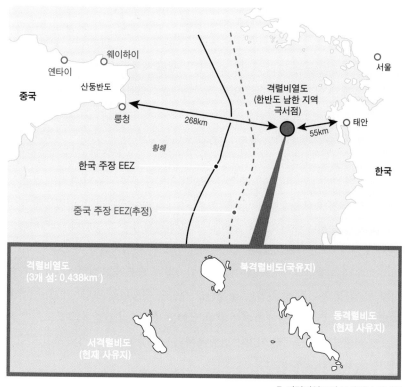

▌ 격렬비열도의 군사안보 개념도

■ 썰물에 모습을 드러낸 가의도의 무성한 파래 군락 ©김정섭

　격렬비열도 인근은 청정 해역으로 어족 자원이 풍부하다 보니 불법조업을 통해 우리 영해와 어장을 침탈하고 있다. 중국은 자국 어선의 집단적이고 지속적인 불법 어로에 대해 사실상 방관을 해왔다. 몇 년 전 중국 자본이 조선족 동포를 앞세워 사유지인 동·서 격렬비열도의 소유주에게 접근해 그 섬을 큰돈을 주고 매입하려 했던 이유도 이런 속내가 깔려 있다.

　특히 충남 태안군 주민들은 중국이 활발한 교역과 문화 교류의 흔적인 인근 섬 '가의도'를 과거 중국인들이 와서 정착해 살던 생활 무대였다는 점을 자국의 영해를 확대하는 논리나 수단으로 삼으려 하는 것에 경계심을 갖고 있다. 격렬비열도는 현재 행정구역상 가의도리에 속하며 여송 무역의 중심지였던 마도와 50여 km 떨어진 곳에 위치한다. 가의도는 1914년 일제가 행정구역을 개편하면서 하나의 법정 리(里)로 분리시켜 '가의도'라 칭하고 태안군 근흥면에 편입시켰다. 태안군 관계자는 "우리는 가의도의 유래에 관한 설화를 중국과의 활발한 문화교류의 흔적으로 이해하지만, 중국은 자기네 민족이 과거부터 살았다는 증거로 우기며 주장하려는 듯하다"라고 설명했다.

　과거 문헌을 살펴보면 가씨(賈氏) 성을 가진 중국인이 유배당해 가의도에 정착

■ 짙은 해무가 끼면 한 폭의 동양화 같은 선경이 연출되는 가의도 동쪽 지역 ⓒ김정섭

한 것은 타당성이 있어 보이나 그 사람이 태안에 집성촌을 이룬 가씨(賈氏)의 시조라는 근거는 없으며, 중국이 관할권을 갖는 섬이었다는 증거 역시 전무하다. 따라서 중국 측의 주장이나 견해는 터무니없다. 가의도의 유래를 정치나 외교적 관점에서 아전인수식으로 해석하는 것은 양국 간 오랜 문화 및 통상 교류의 역사를 스스로 훼손하는 행위로서 바람직하지 못하다.

먼저 가의도에 중국인이 살았다는 설화부터 제대로 검증해 보자. 1996년 우리나라 내무부(지금의 행정안전부)가 발간한 『한국도서백서(韓國島嶼白書)』(1996)에 따르면 가의도는 600년 전 중국 상서● 사람 '가의(賈誼)'의 유배지였다. 당시 유배를 온 가씨와 그의 수행원으로 온 주씨(朱氏)가 정착하면서 이 섬에 처음 사람이 살게 되었다고 한다. 그래서 섬의 이름을 '가의도'라 지었다는 것이다.

송나라 시대에 쑤저우(蘇州)에서 '가의(賈誼)'라는 사람이 이 섬에 와서 살면서 '가의도'라 부르게 되었다는 가의도 주민들이 전하는 전래 설화도 있다(한상복·전

● 　중국 후난성(湖南省) 서부에 상시(湘西)라는 지역이 있기는 하지만 설화에서 지칭하는 지역과 같은 곳인지는 알 수 없다. 다만 다른 문헌과 가의도 주민들의 구전에 따르면 가의라는 사람이 중국 장쑤성(江蘇省) 남동부 쑤저우(蘇州)에서 왔다는 설이 있어, 후난성 상시와는 다른 지역으로 보인다.

103

경수, 1977). 가의도 주민들은 이를 뒷받침하는 근거로는 송나라 시대 건립했다는 사신용 국빈관 안흥정 관련 유적, 가의도의 중심인 구뚜말(또는 귀띠말) 동남쪽 언덕에 있는 오래된 은행나무에 관한 전설, 섬에 산재한 고분(古墳)을 꼽는다. 『태안군지』는 '육쪽마늘'의 원산지로 유명한 가의도에 중국인들의 묘라 알려진 이름이 없는 고분들도 다수 있다고 전한다.

고분은 보통의 분묘(墳墓)보다 두세 배쯤 큰 무덤이 여러 개나 남아 있는데, 섬 주민들은 이를 초기에 섬에 정착한 중국인들의 무덤이라고 전한다. 안흥정은 가의도와 가까운 신진도나 마도에 지은 것으로 확인된 송 사신 접견·환송용 건물이다. 가의도의 보호수인 은행나무 또한 900년 전 송나라 사람이 심은 것이나 조선 후기에 고목이 되어 중국인이 베어 갔다고 전해진다. 현재 서 있는 은행나무는 그때 베어 간 나무의 밑동에서 새싹이 자라나 어느새 거목으로 큰 것 알려져 있다.

『태안군지』에는 실제 태안군 안면도와 인근 당진에 쑤저우 가씨(蘇州 賈氏) 집성촌이 있다고 기록하고 있는데, 이를 보고 가의와의 연관성을 억측하는 사람들도 있다. 송나라 사람 가의가 지금의 장쑤성(江蘇省) 쑤저우(蘇州)에서 와서 이 섬에 정착해 살면서 쑤저우 가씨의 시조가 되었다는 구전(口傳)에서 가씨 집성촌의 유래를 찾고 있는 것이다. 군지의 기록에는 앞서 설명했던 고분에 대한 해석도 있다.

그러나 이 섬에 유배를 온 사람은 중국 허난성(河南省) 북쪽의 뤄양(洛陽) 출신 최연소 박사 가의(賈誼)와 이름만 같지 전혀 다른 사람이다. 낙양 출신의 가의는 시서(詩書)에 능한 데다 명문인 『조굴원부(弔屈原賦)』, 『복조부(鵩鳥賦)』 등을 쓰고 율령, 관제, 예악 등의 제도를 정비한 뒤 시기와 모함을 받아 33세에 세상을 떠난 중국 전한 문제 때의 문인 겸 학자였다.

우리나라의 쑤저우 가씨는 실제 가의가 시조가 아니고 임진왜란 때 공을 세운 명나라 장수 '가유약(賈維鑰)'을 시조로 삼고 있기에 이런 유래와는 맞지 않는다. 가유약은 임진왜란 때 명나라 병부상서 계요도찰사(薊遼都察使) 자격으로 명의 군대를 이끌고 조선에 들어와 안주(安州) 등지에서 왜군과 싸워 공을 세우고 귀국했다. 그 후 정유재란이 일어나자 다시 아들 '가상(賈祥)'과 손자 '가침(賈琛)'을 데리고 조선에 와서 충청도 직산(지금의 천안) 북쪽 소사(素沙)·남원 전투에서 공을 세웠으나 1600년 부산 포구 전투에서 아들 가상과 함께 전사했다.

이에 따라 손자 가침이 할아버지와 아버지의 시신을 각각 거두어 울산 서생진(西生鎭) 도독동(都督洞)에 안장했다. 이후 가침은 조선에서 안동 권씨인 권순의 딸과 혼인해 울산에서 터를 잡고 뿌리를 내렸다. 이때 후손들이 가유약의 출신지인 쑤저우를 본관으로 삼았다고 한다. 인조 24년(1647) 가침이 사망하자 가성(賈晟), 가호(賈昊), 가병(賈昺), 가수(賈遂)의 네 아들이 충청도 태안 안흥 인근으로 터를 옮겨 정착했다. 조선 철종은 재임 2년(1851)에 태안군 남면 양잠리에 3대에 걸친 가씨의 충효를 기리기 위해 '숭의사(崇義祠)'를 지었다. 이곳 양잠리에는 현재 쑤저우 가씨 집성촌(集姓村)이 있다.

가의도에는 가유약을 시조로 하는 쑤저우 가씨 외에도 약 400년 전부터 1620년에 태어난 김시경(金始慶)을 중조로 하는 김해 김씨를 비롯해 제주 고씨, 청주 주씨 등의 문중이 섬에 속속 들어와 정착해 집성촌을 이뤘다(한상복·전경수, 1977).

중국의 가의가 가의도에 정착해 섬의 이름이 유래했다는 설 외에도 이 섬이 인근 신진도에서 볼 때 서쪽의 가장자리에 위치해 있어 '가의섬'이라 불렀다는 설도 있다. 따라서 앞의 유래설을 인정할 경우에는 사람 이름을 그대로 섬 이름으로 쓴 것이며, 후자를 인정할 경우에는 한자의 음만 빌려 적은 것(取音)으로 보아야 한다(태안문화원, 2012).

▌ 가의도 초입의 '육쪽마늘 원산지 표지석'과 농가에서 건조 중인 육쪽마늘 ⓒ김정섭

1530년(중종 25) 이행, 윤은보, 신공제, 홍언필, 이사균 등이 『동국여지승람(東國輿地勝覽)』을 증수하여 편찬한 『신증동국여지승람』 산천(山川) 조에는 이 섬을 가의도가 아닌 '가외도(加外島)'라 표기하고 있어 명칭에 관한 유래가 어떤 것이 정확한지 자세히 규명하기 어렵다. 따라서 섬의 명칭에 관한 설화를 정치적으로 이용하기보다는 문화유산으로 아름답게 보존하고 기릴 필요가 있다.

격렬비열도를 포함한 서해 어장은 우리나라에게 매우 중요한 수역이지만 한국전쟁기 우리나라는 중국과 교전 관계에 있었던 데다 그 이후 냉전시대에는 정치적·군사적으로 잠재적인 적대 관계였기 때문에 한국과 중국 간의 어업협정이나 협상을 전혀 추진할 수가 없었다. 냉전기까지도 중국의 '군사수역'(입역 및 조업 금지 수역)은 중일 어업협정(1975)에 기인해 발해만과 양쯔강(揚子江) 입구로 설정되었고, 또 이는 관련국인 일본에 의해 존중되어 왔다. 당시 중국의 '군사경고구역'(허가에 의한 출입 가능한 수역)은 발해만 해역 50해리 이상, '군사 항해구역'(전면 출입 금지 수역)은 양쯔강 입구 50해리 이상이었다.

한중 간에 국교가 정상화된 것은 노태우 정부 시절인 1992년 8월 24일부터다. 1991년 한국과 중국이 양국에 무역대표부를 설치해 영사(領事) 기능을 일부 수행하고 1991년 1·2차 외무장관 회담에 이어 1992년 4월 수교 협상을 잘 끝낸 결과물이다. 한중 수교 이전에는 1980년대 민간 차원에서 국제법상 효력이 없는 수협중앙회와 중국 동황해어업협회가 맺은 '어선 해상 사고 처리에 관한 합의서'(1989), '어선 해상 처리에 관한 합의'(1994) 등을 체결한 것을 제외하면 양국이 공식적인 어업협정을 맺은 적이 없었다.

「한국해양수산개발원 보고서」(정명생·조정희 외, 2005)에 따르면 1998년 한중 어업협정 체결 전까지의 어업 체제로는 1950년 중국이 우리 서남해에 사실상 영해 개념과 같은 '어업보호선'을 50~60해리가량 일방적으로 설정했던 '마오쩌둥(毛澤東) 라인'●과, 이에 대항하여 우리나라가 1952년에 공표한 '이승만(李承晚) 라

●　'마오쩌둥(毛澤東) 라인'은 당시 중국 지도자 마오쩌둥이 12해리 영해 개념을 훨씬 벗어나는 50~60해리로 영해를 설정해 라인 내 수역에서 한국 어선의 조업을 금지한 것을 말한다. 이는 국내법적 조치였다. 중국은 1996년 영해기선을 공표하면서 마오쩌둥 라인을 국제법적 질서에 편입시키려고 노력했다.

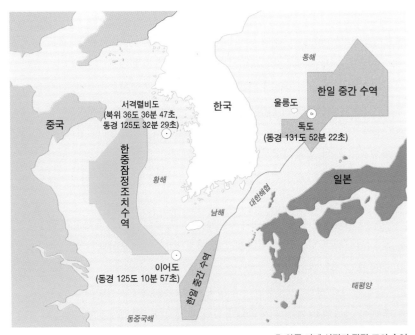

서격렬비도
(북위 36도 36분 47초,
동경 125도 32분 29초)

중국

한중잠정조치수역

황해

한국

울릉도

동해

한일 중간 수역

독도
(동경 131도 52분 22초)

일본

대한해협

남해

이어도
(동경 125도 10분 57초)

한일 중간 수역

동중국해

태평양

■ 한중 간에 설정된 잠정 조치 수역
자료: 한국해양재단 해양교육포털, https://www.ilovesea.or.kr/main.do

인(1952)'[●]이 병존한다. 당시 한국은 중국의 자체적인 어업 금지 조치에 대해 인정하지 않았다. 다만 법적인 행위라기보다 정치적 분쟁을 사전에 예방하고 우리 어선의 안전 조업을 보장하기 위해 조업 지침의 일환으로 1975년 중일 어업협정선(조업 금지선)을 기준으로 삼아 '조업 자제선'을 자체적으로 설정하여 운영한 경우는 있었다.

중국의 어업이 성장하면서 1980년대부터 중국 어선의 우리 영해와 자원보호

[●] 이승만 전 대통령이 한국전쟁 중이던 1952년 1월 8일 일본 주변에 선포된 해역선인 '맥아더 라인'이 철폐되는 상황을 고려해 불법 어로 방지, 어업 자원과 대륙붕 보호, 각국의 영해 확장 추세를 반영해 주변국과 협의 없이 일방적으로 발표한 '인접 해양의 주권에 대한 대통령 선언'을 지칭한다. 이 선언은 한반도 주변 수역 50~100해리(평균 53해리로 약 60마일) 범위로 '평화선'을 설정해 이 해역 내의 불법 어로를 단속하는 것이다. 국제해양법협약에 새로 도입된 개념인 배타적경제수역의 외측(外側) 한계보다 안쪽에 있고 독도를 라인 안쪽에 포함시킨 것이 특징이다.

수역에 대한 침범이 점점 잦아졌다. 이에 따라 양국은 국교 수립 후 어업 교섭의 필요성을 느껴 1993년 말부터 어업 교섭을 시작했다. 1996년 배타적경제수역 체제가 한반도 주변 수역에 도입되면서 양국은 해양경계 획정과 맞물려 어업 갈등이 계속 심화되는 것을 방지하기 위해 1996년 5월부터 본격적으로 어업 교섭을 실시했다. 이어 양국은 1998년 11월 어업협정에 가서명(假署名)을 하고 양국 간 경제적 배타수역, '잠정조치수역(暫定措置水域)'과 '과도수역(過渡水域)'의 입어(入漁) 조건 및 자원관리 문제, 양쯔강 수역에서의 우리 어선의 입어 문제 등에서 이견을 좁히는 노력을 하다가 2000년 8월 3일 베이징에서 16개 조문과 2개의 부속서로 구성된 협정서에 정식 서명했다.

한중어업협정은 동중국해 북부와 황해를 대상으로 배타적경제수역 경계 획정을 계속 협의하는 동시에 황해 북위 37도에서 32도 11분에 이르는 수역을 '잠정조치 수역'으로 설정하고 기국주의(旗國主義)를 원칙으로 해역을 관리하도록 했다. 기국주의는 공해상에 있는 선박이나 항공기에 대해서는 그 선박이나 항공기의 소속 국민이 관할권을 가진다는 국제법상의 원칙이다. 이 잠정조치 수역의 바깥에는 20해리 폭의 '과도수역'을 설정했는데, 이 수역을 협정 발효 후 4년 뒤에 양국 배타적경제수역으로 편입되도록 했다. 그리고 북위 37도 이북과 북위 32도 11분 이남은 기존의 어업 질서를 유지토록 했다. 이 협정 제13조 제2항에 따르면 양국에 의해 설립되는 한중어업공동위원회는 배타적경제수역 입어(入漁), 잠정조치 수역과 과도수역에서의 자원 보호, 규제 조치 등에 대해 협의해야 한다.

이 협정에서 눈길을 끄는 것은 양국이 자국 배타적경제수역에서 조업 가능한 어종, 어획량, 조업 기간, 조업 구역 및 기타 조업 조건을 결정할 때 신(新)한일어업협정과 달리 그간 실시해 온 전통적 어업 관행을 고려하도록 하고 있다는 점이다. 아울러 각국의 배타적경제수역 외에 별도로 '잠정조치 수역'과 '과도수역'을 설정했는데, 잠정조치수역에서는 기국주의가 그대로 인정되고 타국에 대한 조치는 허용되지 않는다 해도 불법 어로를 할 경우 주의 환기와 상대국 통보를 하도록 하고 한중어업공동위원회가 어업질서 확립 문제를 협의해 해결한다는 조항을 담아 사실상의 공해(公海)와 다름없이 조업을 할 수 있도록 한 것이다.

한중어업협정 제13조에 따르면 과도수역은 잠정조치수역을 중심으로 양측에 설치되는 특정 수역이다. 이는 향후 4년간 운영되다가 양국의 배타적경제수역으로 편입되도록 한 것인데, 이 수역에서는 양국 간 어업 활동이 균등하게 이뤄지고 공동으로 자원 보존 및 관리 조치를 하도록 했기 때문에 행정 조치가 부실할 경우 어업 질서와 자원관리가 교란될 가능성도 있다(정명생·조정희 외, 2005).

중국은 2010년 '해도보호법'을 제정해 영해 기점 도서를 비롯한 무인 도서의 국가 소유를 명시하고 유·무인 도서의 상시 감시 체제를 강화한 데 이어 2011년 '전국해도보호계획'을 수립해 발표함으로써 강력한 도서 관리를 통해 국가의 해양 권익 증진을 위해 나서고 있다는 점(해양수산개발원, 2018)도 주목할 필요가 있다. 중국이 정부 차원에서 무인 도서를 해양영토 확보를 위한 거점으로 활용하겠다는 의도를 명확하게 드러낸 것이기 때문이다.

한중어업협정을 통해 양국 간 바다의 경계가 대체로 확정된 이후에도 격렬비열도 해역을 비롯한 서해에서의 갈등은 여전한데 그것의 가장 큰 원인은 중국 어선의 불법조업이다. 중국 측의 불법조업은 전체의 60% 이상이 격렬비열도 주변에서 이뤄지고 있을 정도다(김준환·유희성, 2014). 해양경찰청의 외부 용역 보고서(김현수, 2013)에 따르면 중국 어선의 불법조업이 발생하는 이유는 첫째, 중국 연근해 수역의 수산자원이 점차 고갈되고 있기 때문이다. 둘째, 인구 대국인 중국인들의 수산물 소비가 급증해 내수용 수산물 가격이 상승하고 있는 까닭이다. 셋째, 중국 자국 해역에서 저인망을 이용한 대규모 어업의 조업 금지선이 설정되어 있으며 우리나라 배타적경제수역의 수산자원이 상대적으로 풍부하기 때문이다.

해경의 보고서가 집계한 2001년 이후부터 2011년까지의 한중 양국 어선의 EEZ내 조업 실적을 보면, 우리나라의 총할당량은 68만 톤이며 중국의 할당량은 83만 6230톤으로 나타나 중국의 할당량이 우리나라의 할당량에 비해 1.23배 많았다. 실제 어획량은 중국의 경우 41만 153톤으로 우리나라의 3만 5860톤에 비해 무려 11.4배나 많다. 조업 선박 척수는 우리나라가 2592척인 데 비해 중국이 1만 5780척으로 우리나라에 비해 6.1배로서 격차가 상당히 컸다. 업종별 조업 실적 분석 결과, 우리나라 어선은 중국 배타적경제수역 내에서 낚시어업(延繩漁業)●이 주로 이

●　고등어, 학꽁치, 다랑어, 방어 등을 잡을 때처럼 무명 또는 나일론으로 만든 긴 끈의 곳곳에 낚시찌를 달아 일정한 수면에 띄우고 낚시찌와 낚시찌 사이에 낚싯바늘을 드리워 고기를 낚아 올리는 어업을 말한다.

뤄지고 있었으며, 중국 어선은 그물을 양쪽에서 바다의 밑바닥으로 끌고 다니면서 해저에서 사는 물고기를 잡는 방식인 쌍타망(쌍끌이 저인망), 흘림걸그물 방식인 유망[流刺網], 물속에 그물을 넓게 둘러 치고 양쪽 끝을 끌어당겨 물고기를 잡는 방식인 위망(圍網 또는 '선망', '후릿그물') 어업이 주력업종이었다.

그렇다 보니 하계 휴어기(休漁期) 전후인 3~5월과 9~12월에 중국 어선의 불법 조업이 집중되고 이로 인한 피해도 커지고 있다. 마구잡이식 불법어획 행태를 보이고 있는 중국 어선은 날로 흉폭해지고 있지만 정부는 뚜렷한 대책조차 세우지 못하는 실정이다. 중국 어선들은 우리 해경의 불법어획 단속에 대해 처음에는 단독 또는 선단으로 저항했다. 그러나 점차 지능화, 집단화, 흉포화 추세를 보이면서 소형 목선이 아닌 대형 철선을 동원하고 다른 선박과 결박해 집단 계류 형태를 형성했다. 급기야 죽창과 쇠창살을 설치하고 단속하면 무기와 흉기로 과격하게 대응하고 있다. 불법 어업 수역의 범위 또한 점차 확산되고 있다(정봉규·최정호·임석원, 2014).

그 피해는 온전히 중국 어선을 단속하는 해경과 어민들의 몫이라서 격렬비열도를 중심으로 이를 원천적으로 방지하는 전진기지 조성에 대한 요구가 분출하고 있다. 불법 어로는 적법한 절차를 통하여 어업을 하는 어민들뿐만 아니라 어업자원을 관리하는 국가에 막대한 손해를 끼친다. '수산업법' 제78조 및 제79조에 따르면 불법 어업의 유형은 어업의 금지 구역, 금지 기간 및 금지 대상을 위반하는 어로 행위, 법적 최소 크기에 미달하는 망목으로 된 어구에 의한 어로 행위, 어업 허가가 없는 선박에 의한 어로 행위, 허가를 받았거나 허가 내용대로 조업하지 않고 다른 조업 방법을 행하는 경우 등을 말한다.

'불법어획'이란 법률을 위반하여 처벌의 대상이 되는 어업을 말한다. 이 용어는 '수산업법'의 1990년 8월 1일 개정 법률(법률 제4252호)에서 처음으로 사용하기 시작했다. 국제식량농업기구(FAO)에서는 불법어획을 "당해 국가의 허가 없이 또는 관계 법령 및 국제법을 위반하거나 국제적 의무를 위반하는 어업활동"이라고 규정하고 있다. •

•   IUU 어업을 예방·방지·근절하기 위한 국제행동계획(International Plan of Action to Prevent, Deter and Eliminate Illegal, Unreported and Unregulated Fishing) §3.1.

불법 어로를 단속하는 일은 해전(海戰)과 다름없을 정도로 위험천만하다. 해상이라는 위험한 공간에서 무장한 폭력 성향의 중국 선원들을 직접 대응해야 하기 때문이다. 2002년 이후 2008년 8월과 2011년 12월에 격렬비열도 해역에서 불법 어로를 단속하던 해경 소속 경찰관 두 명이 사망했다. 2011년 3월 3일 격렬비열도 남서쪽 102km 해상에서 해역을 침범하여 불법조업 중이던 중국 어선을 단속하던 태안 해경 한 명이 중국 어부들이 휘두른 해머에 맞아 중상을 입었다. 이때 처음으로 우리나라 해경이 총기를 사용해 중국 선원 한 명이 피격되었다. 우리나라가 불법조업을 단속하면서 처음 총기를 사용한 사례다(박동훈·이성환, 2012).

이 밖에도 매년 다수의 부상자가 발생하고 있다. 이런 일은 격렬비열도 인근 해역뿐만이 아니라 백령도, 흑산도, 제주도 부근 배타적경제수역 전체에서 자주 일어나고 있다. 2005년 5월에는 중국 선원이 해양경찰관을 쇠파이프로 때려 쓰러뜨린 뒤 바다에 던져버리고 도주한 사건도 일어났다. 중국 측의 불법조업 가운데 가장 많은 유형은 배타적경제수역 조업 조건 위반(조업일지 및 어창 용적도 미비치)과 무허가 조업이다. 업종별 불법조업 사례는 저인망, 유자망, 운반선의 순서로 나타난다. 불법 어업으로 나포된 중국 어선은 대부분 산둥성(山東省), 랴오닝성(遼寧省), 저장성(浙江省), 톈진(天津)에 선적항이 있다(정봉규·최정호·임석원, 2014).

다음은 최근 격렬비열도 해역에서만 적발된 대표적인 중국 어선의 불법조업 사례이다.

해양수산부 서해어업관리단은 2018년 11월 26일 새벽 5시 10분쯤 어획량을 축소하기 위해 격렬비열도 북서쪽 약 91km 해상에서 잡은 고등어 등 어획량 25톤을 신고하지 않은 중국 어선 2척을 나포했다. 조사 결과 우리 측 수역에서 허가를 받고 조업하는 중국 어선의 경우 한국수협중앙회에 어획량을 신고해야 하지만 이들은 약 1500만 원 상당의 어획물을 알리지 않았다.

해양수산부 서해어업관리단은 2018년 9월 11일 격렬비열도 북서방 90km(EEZ 내측 5km) 해상에서 불법조업 한 중국 유망 어선 3척을 잇따라 나포했다. 조업일지 미기재, 조업수역 무단이탈, 입출역 미보고 등 입어절차를 위반한 혐의다. 중국 자체 휴어기(休漁期)가 9월 1일 종료돼 우리 수역에 오징어를 잡으려는 최대 100여 척가량 들어오고 있는 상황에서 벌어진 일이다.

해양수산부 서해어업관리단은 2018년 9월 7일 오후 7시 50분 격렬비열도 서쪽 약 64km(우리 EEZ 내측 31km) 해상에서 불법으로 조업한 58톤급 유망 중국어선 1척을 나포했다. 이곳에서 잡은 오징어 515kg을 조업 일지에 기재하지 않은 혐의다.

해양수산부 서해어업관리단은 2018년 9월 4일과 5일 이틀간 격렬비열도 서방 90km(EEZ 내측 12km) 해상에서 입역 정보를 허위로 작성하고, 조업 일지를 부실 기재한 혐의로 중국 다롄 선적 58톤급 유망 어선 2척을 나포했다. 이후 검찰은 배 2척에 부과한 담보금 4500만 원을 받고 석방 조치했다.

해양수산부 서해어업관리단은 2018년 3월 11일 오전 9시 40분 격렬비열도 서방 약 157km 해상서 불법 침범한 중국 저인망어선 20여 척을 퇴거(退去) 조치했다. 입어 허가를 받지 않은 무허가 어선으로 조업했기 때문이다.

불법조업 문제가 심화되자 우리 정부는 한중어업협정에 근거해 '한중 불법어획공동단속시스템'을 구축했다. 이 시스템은 우리 측이 채증(採證)한 불법 어로 어선 정보(불법조업 현황, 단속 정보, 양무 허가 요청 등)를 중국 측에 제공하면 중국 정부가 자국 어선의 단속에 활용하기 위한 것이다. 해양수산부는 서해어업관리단을 편제해 지도와 단속에 나서고 있다. 불법 어업의 지도단속은 어업관리단과 국토해양부의 해양경찰청에서 공조*하고 있다.

그러나 중국 어선의 입어 규모에 비해 단속 함정과 인력이 부족하고 중국 불법어선의 조직적 저항과 흉포함이 날로 거세져 어민들은 여전히 불안에 떨고 있다.

● 우리나라 해역에서 어업관리단은 모두 34척(동해 19척, 서해 15척)을 운용하고 있다. 또한 해양경찰청이 290척을 운영하고 있는데, 이 중 주로 7~8척의 대형 선박이 중국 불법어획 단속에 참여하고 있다.

우리 어민이나 태안군 같은 관할 지방자치단체의 요구처럼 격렬비열도에 해경 함정이 정박할 항구나 전진기지를 구축해 체계적이고 강력한 단속망을 구축함으로써 불법 어로를 근절한다는 의지를 보여줘야 한다. 한편 중국과 외교적 노력을 통해 어업 협력을 강화해야 한다.

정부는 이미 몇 년 전 중국인들이 격렬비열도를 매입하려 한 시도를 경계하며 무인도였던 북격렬비도에 2015년부터 등대원을 배치했다. 서격렬비도는 우리 영토의 최서단을 나타내는 영해 기준점이지만 여기에 덧붙여 2018년 4월 국토교통부와 충청남도가 측량의 기준이 되는 '국가통합 기준점'을 설치해 우리 영토임을 공식화했다. 해양수산부는 서격렬비도를 2018년 '5월의 섬'으로 선정해 동백과 유채꽃이 흐드러져 장관을 이루는 아름다운 풍광과 괭이갈매기와 가마우지가 서식하고 온갖 희귀식물이 산재하는 이곳의 생태적 가치를 널리 알리기 시작했다. 충청남도와 태안군은 항만시설 등의 설치를 정부에 건의했다.

유엔해양법협약에 따르면 '영해(領海, territorial sea)'는 영해의 범위를 정하는 영해기선으로부터 12해리 이내의 수역을 뜻한다. 영해는 바다에서 연안국의 주권(主權)이 미치는 영역이지만 연안국이라 해도 외국 선박의 무해 통항권 허용 의무가 있어 일부 주권이 제약된다. '영해기선(領海基線)'은 국가의 주권 또는 관할권을 행사할 수 있는 모든 수역을 일정한 기준선에서 출발하여 일정한 범위까지 한계선을 그은 것을 말한다. 또한 영해관할권 획정에 기본이 되는 선으로서 보통 썰물(간조) 때 바다와 육지의 경계선인 저조선(低潮線)을 기준으로 설정하는데, 이러한 영해기선은 내수, 접속 수역, 배타적경제수역 등 모든 수역의 범위를 정하는 출발점이 된다.

영해기선은 '통상기선(normal baseline)'과 '직선기선(straight baseline)'으로 구분된다. 통상기선은 동해안과 같이 해안선이 단조롭고 육지 부근에 섬이 거의 존재하지 않는 경우, 썰물 때의 저조선을 연결하는 것이다. 직선기선은 남해안과 서해안처럼 굴곡이 심하고 해안선 주변에 섬이 많을 경우, 육지의 돌출부나 맨 바깥의 섬들을 직선으로 연결한 것을 일컫는다.

우리나라는 서해와 남해에는 직선기선을, 동해에 통상기선을 영해기선으로 삼는다. 구체적으로 1978년 제정된 '영해법'에 따라 영해기선은 각 해안의 가장 외곽에 있는 육지나 섬의 끝점으로 설정했는데, 서격렬비도를 비롯해 서해안에 10점, 동해안 4점, 남해안 9점이 있다.

'내수(內水, internal waters)'는 영해기선 안쪽의 바다를 지칭한다. 이곳은 국가 영토와 같은 의미로 연안국의 절대적 주권(관할권)이 미치는 수역이다. 배타적경제수역, 즉 EEZ는 영해기선으로부터 200해리 이내로 해양 자원의 경제적 이용, 인공섬 건설, 해양환경 보호, 해양과학조사에 대한 관할권을 갖는다. 그러나 타국에

▌ 격렬비열도 인근 해역에서 혹한기 훈련
중인 해군 2함대 참수리 고속정
ⓒ 해군본부

대해 항해나 상공 비행의 자유, 해저전선과 관선 부설의 자유는 보장해야 한다.

　'대륙붕(大陸棚, continental shelf)'은 영해기선으로부터 200해리 이상으로 해저 자원의 경제적 이용, 인공섬 건설, 해양환경 보호, 해양과학 조사에 관한 관할권을 갖는 수역이다. 그러나 역시 타국에 대해 항해의 자유, 해저전선과 관선 부설의 자유를 보장해야 한다.

▌격렬비열도 인근 해역에서 기동훈련 중인 해군 2함대   ⓒ해군본부

02

북한의 도발 역사가 많아 긴장을 늦출 수 없는 해역

　서해 격렬비열도와 인근 해역은 남북이 첨예하게 대립하던 시기는 물론이고 현재에도 대북 및 대중 경계를 늦출 수 없는 군사적 요충지다. 항상 지역분쟁화를 노리는 중국과 가까운 해역인 데다가 북한군의 도발 역사가 적지 않은 곳이기 때문이다. 따라서 경기도 평택에 기지를 둔 해군 2함대가 철통 방어를 위해 해마다 초계함 등을 앞세워 해상 사격과 기동 훈련을 실시하고 있는 해역이다. 이는 황해도 해안 전체를 관할하는 북한군 4군단과 성능이 좋은 잠수함과 잠수정을 운용하는 북한 해군을 겨냥한 것이다. 한·미 연합 훈련을 실시하는 경우 2함대 산하 함정 13척을 동원해 이곳 해역에서 대잠수함 훈련도 실시한다. 양국의 이지스함(AEGIS艦)●이 이곳 격렬비열도 부근까지 북상해 가상의 적 전투기와 지대함 미사일을 공중에서 탐지하고 방어하는 대공방어 훈련도 실시한다.

　연평도 포격 사건 때는 남북 간 교전의 후폭풍에 따른 팽팽한 군사적 긴장감이 이곳까지 미쳤다. 태안에 있는 국방부 산하 국방과학연구소(ADD: Agency for Defense Development)는 지역 주민들의 반대에도 안보 목표를 우선해 2018년 10월 격렬비열도 인근 무인도인 '석도'를 매입하여 2021년 운용 개시를 목표로 탄도탄 요격용 무기를 테스트하는 해상 미사일 시험장 구축에 나섰다.

　우리나라 해전사를 살펴보면 격렬비열도 해역에 대한 북한의 도발은 남북 간

●　이지스 시스템을 갖춘 항공모함을 말한다. 이지스함은 최고 200개 목표를 탐지·추적하여 그 가운데 24개 목표를 동시에 공격할 수 있는 기능을 갖추고 있는데, 우리나라에서는 2007년에 취역한 '세종대왕함'이 처음 이지스 시스템을 갖췄으며 향후 현대중공업 등이 생산기지가 되어 추가로 국산 이지스함을 제작해 취역할 예정이다. 이지스 시스템이란 목표의 탐색으로부터 이를 파괴하기까지의 전 과정을 하나의 시스템에 포함시킨 미 해군의 최신종합무기 시스템으로 이 기술의 핵심은 레이더 빔을 통해 입체적 감시와 추적이 가능한 삼차원 위상 배열 레이더(phased-arrayradar) 스파이(SPY)-1이다. '이지스(AEGIS)'는 그리스 신화에서 제우스가 그의 딸 아테나에게 준 방패를 뜻한다.

냉전기인 1980년대 이전에 집중되었으며, 군함 여러 척이 연계된 치밀한 작전과 치열한 교전 끝에 이를 격퇴했다는 것을 알 수 있다.

우리나라 해군은 1980년 6월 21일 서해 격렬비열도 북쪽 10마일(약 16km) 해상에서 북한의 간첩선을 발견하고 전투에 나서 간첩선을 격파해 수장시켰다. 당시 침몰한 간첩선 탐색을 위해 '금곡함'과 '삼척함'이 투입되어 삼척함은 6월 23일, 금곡함은 6월 29일 각각 침몰 현장에 도착했다. 구축함인 '대구함(DD-917)'은 간첩선 침몰 위치에 부이(bouy)를 설치하고, 삼척함이 구조함인 '구미함(ARS-26)' 옆에서 세부 위치를 통보하는 일을 함으로써 간첩선 인양을 도왔다(윤병노, 2019).

이에 앞서 1974년 7월 20일 서해 경비 임무를 마치고 귀환하던 PCE(patrol craft escort)급 호위 초계함인 '신성함'이 격렬비열도 남서쪽에서 동태가 수상한 의아선박(疑訝船舶)●을 발견했다고 '인천함' 통신실에 알리자 인천함이 긴급 출동했다. 인천함은 오전 1시 외해로 도망치는 해당 선박을 추적 접근해 조명탄을 발사한 끝에 간첩선으로 판명, 약 100야드(91m)까지 접근해 포를 쏘고 사격을 퍼부어 격침시켰다(윤병노, 2019). 작전 결과 우리 해군은 간첩선 1척을 나포하고, 간첩 10여 명을 사살했다.

1967년 4월 17일 우리 해군은 격렬비열도 서쪽 해상에서 북한의 무장 선박을 발견하고 '대동강함(PF-63)'이 출동해 산둥반도 동방 40마일(약 65km) 해상에서 격

●　'의아선박(doubtful ship)'은 선박의 외형, 제원, 항해 중의 동태 따위의 모든 정보로 판단해도 그 정체가 식별되지 않아 적이나 간첩선으로 추정되는 선박을 뜻하는 군사용어다.

■ 1967년 4월 17일 격렬비열도 해상에서 PF-63 대동강함이 격침시킨 간첩선 ⓒ해군본부

▌우리 군이 공개한 격렬비열도와 주변 해역 간첩·간첩선 격침 사례

구분	작전 기간	작전 해역	작전 부대	작전 개요	전과
무장 간첩선 격침	1967.4.17. 01 : 30~ 12 : 00	격렬비열도 서방 해상	대동함 (PF-63) 명랑함 (PCEC-52)	서해 경비 임무를 수행하던 명랑함과 대동함이 1967년 4월 17일 격렬비열도 서쪽 해상에 침투한 간첩선을 해공 합동작전으로 추격해 산둥반도 동방 40마일 해상에서 격침	무장간첩선 1척(복덕호) 격침, 생포 5명, 사살 10명
간첩선 격침	1970.4.3. 20 : 20~ 4.4. 15 : 30	격렬비열도 서방 해상	부산함 (DD-93), 강원함 (DD-72), 거제함 (PCE-1003), 공기(C-46) 2소티	서해를 경비 중인 명랑함과 임무를 교대하기 위해 북상하면서 경비하던 거제함이 4월 3일 20시 20분 서해 격렬비열도 서방 7마일 해상에서 302도 3500야드 해상에 있는 무등화 소형 의아선박을 발견해 식별차 조명탄 작전을 전개하여 4월 4일 01시 15분 서격렬비도 서북방 256마일 해상에서 격침	20톤급 간첩선 1척 격침
무장 간첩선 격침	1980.6.20. 18 : 05~ 6.21. 08 : 30	격렬비열도 근해	대구함 (DD-917), 백구 51함 (PGM-351), 기러기 28호정 (505편대), 제비 71호정 (505편대), 제비 81호정 (505편대)	1980년 6월 20일 18시 05분 안면도 남방 원산도 근해에 출현한 간첩선이 사격 후 도주했다는 육군 137 전탐기지의 통보를 받은 5해역사가 전예하 함정과 증강된 3해역사의 고속정으로 차단 탐색 및 수색 작전을 전개하던 중 6월 21일 00시 34분 대구함이 간첩선을 접촉함에 따라 해공 합동작전으로 추격전을 전개해 05시 55분 격렬비열도 북방 10마일 해상에서 격침 후 1980년 7월 3일 인양	간첩선 1척 격침, 간첩 9명 사살(시체 2구 인양), 1명 생포, 노획품(병기, 장비, AK 소총 등 93종) 획득

자료: 국방부 정보공개청구 답변서(2019).

침시켰다. 이날 가까운 보령에서도 해안에 침투 중이던 간첩 세 명을 발견하여 한 명을 사살하고 두 명을 체포했다(군사 편집부, 1986; 이윤규, 2014). PF-63 대동강함은 격렬비열도 작전에서 간첩선 추격과 동시에 공군기를 요청해 효과적인 해공 합동작전을 전개해 북한의 무장 간첩선인 복덕호를 격침하고 10명 사살, 다섯 명 생포라는 전과(戰果)를 거뒀다.

국방부는 격렬비열도와 주변 해역에 간첩이나 간첩선이 침투했던 사례에 대한 정보공개 청구 답변서에서 "『해상대침투작전사』 제1집(국방부 해군본부, 2019)의 기록을 근거로 관련 작전 사례는 1967년, 1970년, 1980년 모두 세 건"이라고 밝혔다. 따라서 국방부의 답변 자료에 제시된 사례와 앞서 언급한 다른 문헌에 기록되어 있는 1974년 사례를 포함하면 모두 네 건으로 파악된다. 국방부가 답변 자료에 제시한 서해 격렬비열도와 주변 해역에서 벌인 우리 해군의 간첩·간첩선 격침 사례는 표 '우리 군이 공개한 격렬비열도와 주변 해역 간첩·간첩선 격침 사례'와 같다.

6 장

생태의 보고이자
난대식물의 북한계선

01
생태 보존의 가치가 높은 '특정도서'

격렬비열도는 바닷속 화산이 폭발해 마그마와 화산재가 켜켜이 축적되어 만들어진 섬이다. 이 섬은 1977년 문화방송·경향신문과 한국자연보존협회가 실시한 낙도 조사 사업의 첫 대상지였으며, 당시 조사 결과 '난대식물의 최북한지'로 확인되었다. 난대식물 서식의 국내 북한계선이라는 의미다. 이 섬은 전체적으로 해양성기후를 보이며 실제로 난대식물과 온대식물이 함께 자라고 있다. 멸종위기종 동식물과 희귀 동식물이 서식하는 등 환경적·생태적 가치가 높은 까닭에 북·동·서 격렬비도가 모두 환경부에 의해 '특정도서'로 지정●되었다. 북격렬비도는 2002년 8월 8일, 동·서 격렬비도는 2016년 12월 15일 각각 특정도서로 지정되었으며, 이 밖에 동격렬비도는 절대보전지역, 자연환경보전지역, 서격렬비도는 외국인 토지거래허가구역, 절대보전 지역, 자연환경보전지역으로 각각 지정되어 있다.

1977년 낙도 조사에서 격렬비열도의 지질은 석영, 사장석, 흑운모 등이 주성분인 흑운모편마암, 편암, 담회색이나 담갈색을 띠는 규암, 수정질석회암, 돌로마이트질 석회암 등 선캄브리아기●●의 변성암류와 중성안산암질암, 산성유문암질암 등 백악기 말기의 화산의 마그마 활동에 의해 형성된 것으로 보이는 화산암류로 구성되었다(이하영·강준남, 1977). 특히 이곳에서 발견된 선캄브리아기의 변성암

● 환경부 장관은 '독도 등 도서지역의 생태계 보전에 관한 특별법'에 따라 화산, 기생화산, 계곡, 하천, 호소, 폭포, 해안, 연안, 용암동굴 등 자연경관이 뛰어난 섬, 수자원, 화석, 희귀 동식물, 멸종위기 동식물, 그 밖에 우리나라 고유 생물종의 보존을 위해 필요한 섬, 야생동물 서식지 또는 도래지로서 보전할 가치가 있다고 인정되는 섬, 자연림 지역으로서 생태학적으로 중요한 섬, 지형 또는 지질이 특이하여 학술적 연구 또는 보전이 필요한 섬, 그 밖에 광역시장, 도지자, 특별자치도 지사가 추천하는 섬과 환경부 장관이 필요하다고 인정하는 섬을 '특정도서'로 지정하여 환경·생태적 가치 보존에 부합하는 공적 관리(public management)를 할 수 있다.

●● 캄브리아기 이전의 지질 시대로 약 46억 년 전부터 약 5억 7000만 년 전까지의 시대를 말하며, 시생대와 원생대로 나눈다.

류를 서울대학교 교수를 지낸 지질학자 손치무 교수가 1972년 지역의 명칭을 반영해 '서산층군'이라 처음 이름을 지었다.

태안반도에서 격렬비열도에 이르는 해역의 수심은 7.5~60m로 분포한다. 한국해양수산개발원의 조사 자료(2017)에 따르면 특히 동격렬비도 인근은 13~25m, 북격렬비도 인근은 10~50m에 이른다. 북격렬비도는 연평균 수온의 경우 표층은 13.9℃, 저층은 13.6℃이다. 동절기인 2월 평균 수온은 표층 3.5℃, 저층 3.5℃이며 하절기인 8월은 표층이 24.9℃, 저층이 24.5℃이다. 염분 농도는 천분율(per-mil, ‰)로 표기할 경우 연평균 표층이 31.37‰, 저층이 31.55‰이다. 섬 인근의 조석 체계는 일조부등(日潮不等, diurnal inequality) 없이 매일 1일 2회로 거의 규칙적으로 나타나며 사리(대조) 때의 평균 조수 높이인 대조평균 고조위는 706.6cm, 평균 해면은 384.9cm으로 측정되었다(한국해양수산개발원, 2017).

● '일조부등'이란 바다에서 12시간 25분 만에 만조와 간조가 한차례 일어나는 현상을 일컫는다. 즉 하루 두 번의 만조와 간조가 일어나는 바다에서 두 번의 만조 가운데 한 번은 크게, 한 번은 작게 일어나는 현상을 말한다.

┃ 격렬비열도의 수려한 암석 지형　ⓒ태안군

섬의 지리적 환경과 동·식물의 서식 종을 분석한 결과, 생태적으로 가치가 매우 높아 철저하고 정교한 보존과 관리가 요구된다. 다양한 난대식물, 수백 그루의 동백나무, 무리 지어 사는 괭이갈매기, 박새, 매, 가마우지 외에도 환경부 지정 멸종위기 야생동식물 II급인 '장수삿갓조개'를 비롯해 희귀종과 한국 미기록종(未記錄種)이 다수 서식하고 있다.

생태적 가치와 무인도라는 특성 때문에 남아메리카 동태평양의 에콰도르령 갈라파고스제도나 아프리카 남동쪽 인도양에 위치한 섬 마다가스카르, 인도네시아 중앙부의 술라웨시섬처럼 '생태 탐방 섬'으로 단장해 보존하여 애용 가치를 높이자는 주장이 그간 곳곳에서 제기되었다. 포유류를 비롯한 다양한 생태종을 보유하고 있기에 인간이 이런 소중한 생태 자원에 영향을 미치지 못하도록 격리하는 방식으로 계절별 또는 일별로 제한된 인원만 섬 출입을 허용하는 탐방 프로그램을 운영하자는 것이다.

충남발전연구원은 2012년 연구 보고서 「격렬비열도의 역사적·지리적·환경적 고찰」에서 격렬비열도 관광을 허용할 경우 철저한 생태 보존을 위해 모든 편의시설은 '인공섬'을 가설해 섬 외부에 설치해야 하며, 폐기물과 용수는 탐방객, 낚시객, 관광객이 오가며 이용하는 페리를 통해 육지로 즉시 수거·운반하는 방식을 택해야 한다고 제안했다(권영현·이인배, 2012). 더불어 섬 접안 시설은 탐방객 수요를 예측함으로써 입장객 수를 일정하게 유지해야 하며 자연환경의 원형 훼손을 최소화하기 위해 철제 프레임으로 짠 '데크형 구조물(피어)'을 이용할 것을 권장했다. 인공섬은 인위적으로 만든 섬으로, 바다를 메우거나 바다에 기둥을 세운 뒤 그 위에 구조물을 설치해 만든 섬을 말한다.

격렬비열도의 주요 3개 섬은 태안군에 소속된 119개(유인도 10개, 무인도 109개) 가운데 일부로, 격렬비열도에 딸린 9개의 섬 가운데 큰 섬 3개를 말한다. 먼저 북격렬비도는 신진도항에서 서측으로 약 50km 떨어진 곳에 위치하고 있다. 가의도에서 약 68km 떨어져 있다. 철새인 제비가 매년 봄과 가을 강남에서 우리나라로 오갈 때 쉬어가는 곳이다. 이 섬이 물(서해)의 끝에 있다 하여 '물치'라고도 불린다(태안문화원, 2012).

『태안군지』(태안문화원, 2012)에 따르면 북격렬비도의 지질은 역암의 변성암으로 대부분 각력암으로 구성되어 있으나 주로 진흙이 성분인 이질(泥質)의 암석도 부분적으로 엿보인다. 섬 전체의 고도가 상대적으로 낮으며 정상부는 비교적 평탄한 면이 넓게 나타난다. 너른 외해에 노출되어 있어 해안은 파도에 의한 침식작용의 여파로 해식애(海蝕崖, sea cliff)와 주상절리(柱狀節理, columnar joint)로 이뤄져 있는데, 특히 해식애 절벽은 고도가 매우 높고 해풍에 부식되거나 깎인 면이 기이하여 아름다운 경관을 선보이고 있다. 해식애는 파도의 침식작용과 풍화작용에 의해 해안에 만들어진 낭떠러지를 뜻한다. 절리(節理, joint)는 암석에 힘이 가해져서 생긴 갈라진 틈을, 주향(走向, strike)은 지층면과 수평면의 교차선 방향을 말한다. 주상절리는 화산암 암맥이나 용암, 용결응회암 등에서 나타나는 단면의 모양이 육각형, 오각형 등 다각형으로 긴 기둥 모양을 이루고 있는 절리로서 제주도 중문단지 지삿개의 주상절리대에서 흔히 볼 수 있으며, 주상절리가 이루고 있는 다각형의 단면을 장주상(長柱狀)이라고 부른다.

　장주상의 이러한 모습은 화산지대에서 마그마가 분출해 급격히 식으면서 부피가 수축하고, 이에 따라 사이사이에 생긴 틈이 오랫동안 풍화작용을 겪어 점점

▌이른 봄 화사한 자태를 뽐내는 북격렬비도 자생 동백 군락　ⓒ태안군

▮ 맑은 물 위에 우뚝 솟아 있는 동격렬비도의 기암 절벽들 ⓒ태안군

굵어짐으로써 형성되는 것이다(최재영, 2016).
절리는 쪼개지는 방향에 따라 판상절리(板狀節理)와 주상절리(柱狀節理)로 나뉜다.

해식애의 절벽들은 동격렬비도의 주상절리 주향과 마찬가지로 북서, 남동 주향의 방향성을 나타내고 있다. 절리를 따라 지표면 물질의 침식에 대한 저항도 차이로 인해 침식 속도가 다르게 진행되는 현상인 차별침식(差別浸蝕, differential erosion)이 이뤄져 이런 지형이 나타난 것이다. 마찬가지로 수직의 절리인 주상절리도 잘 발달되어 있는데, 이 절리면을 따라 파도에 의해 만들어진 동굴인 해식동이 분포하며 섬 동쪽에는 수직 절리가 발달해 만들어진 시스택이 분포하고 있다. 시스택은 촛대바위나 칼바위의 모습처럼 해안가에서 파도에 의한 침식으로 길쭉한 수직 원통이나 원추 모양을 하고 있는 바위이다. 이러한 절벽은 새들에게 서식지를 제공하는 역할도 한다.

02

북·동·서 도서별 식생 현황과 가치

먼저 동격렬비도의 생태적 가치를 살펴보자. 동격렬비도는 격렬비열도 가운데 면적이 가장 넓다. 독수리가 날개를 펴고 앉아 있는 모습의 바위를 중심으로 양옆에 큰 바위들이 배치되어 있다. 전체적으로 북서와 남동 방향의 긴 장타원형의 모습이다. 최고봉은 133m이다. 지리적 특성상 서쪽에 있는 서격렬비도가 동격렬비도의 바람막이 역할을 다소 해주지만 멀리 떨어져 있는 '병풍'은 모양의 바위에는 그리 큰 역할을 하지 못해 파랑에 침식되어 해안에 해식애, 시스택 등 암석 지형이 발달되어 있다. 특히 해안을 따라 길게 형성된 해식애는 암석 해안의 절경을 보이고 있으나 너무 가파르기 때문에 사람의 접근을 어렵게 한다. 섬 전반부에 수

■ 동격렬비도의 차별 침식 지형 ⓒ김정섭

풀 등이 무성하나 토층이 두껍게 발달하지는 못했다.

충남발전연구원의 같은 연구보고서(2012)에 따르면 이 섬은 전체적으로 암반 노출 부분이 많고 토심이 얕아 식물 생장에 좋은 조건은 아니다. 섬 외곽 절벽 지대를 제외한 섬의 모습은 전체적으로 관목(灌木)과 교목(喬木)을 덩굴성 식물이 뒤덮고 있는 망토 군락 형상이다. 정상부에는 관목림이 일부 분포하고 있다. 관목은 높이가 2m 이내이고 주간(主幹)이 분명하지 않으며 밑동이나 땅속 부분에서부터 줄기가 갈라져 나는 나무를, 교목은 수간(樹幹)과 가지의 구별이 뚜렷하고 줄기가 위로 곧고 굵게 뻗어 높이가 8미터를 넘는 나무를 뜻한다. 망토 군락은 저지대와 중간지대에 원추리, 개밀이 우점(優占, dominance)한다. 정상부에는 억새가 우점하며, 관목성의 보리장나무, 사철나무, 버들회나무, 딱총나무 등이 분포하고 있다. 동격렬비도에서 확인된 관속식물군은 82종이며, 생육 공간 가운데 가장 저지대인 해안선 암벽 주변에는 노랑원추리를 중심으로 갯까치수영, 갯기름나물, 갯장구채, 땅채송화, 갯능쟁이, 가는갯능쟁이, 큰천남성(큰天南星), 갯메꽃, 천문동(天門冬),

▌동격렬비도의 시스택 ©김정섭

메꽃, 참나리, 사철쑥, 갯보리 등이 서식한다.

해안을 벗어난 산지의 경사면에는 목질이 발달한 목본식물(木本植物)은 거의 없으며, 개밀을 중심으로 둥굴레, 칡, 갈퀴꼭두서니, 참마, 이고들빼기, 환삼덩굴, 쇠무릅, 눈괴불주머니, 솔새, 억새, 산딸기, 어수리, 며느리밑씻게 등이 생육한다. 산지 능선부에는 사철나무, 동백나무, 버들회나무, 까치밥여름나무, 딱총나무, 보리밥나무, 송악, 찔레꽃, 산뽕나무, 장구밥나무 등의 목본식물과 현호색, 꿩의비름, 산자고, 갯개미자리, 꼬리고사리, 갯장구채, 박주가리, 개고사리, 계요등(鷄尿藤), 긴사상자, 노랑장대 등의 초본식물이 서식한다. 환경부의 식물구계학적 특정 식물종으로는 노랑장대를 포함하여 천문동, 큰천남성, 거지덩굴, 사철나무, 동백나무, 보리밥나무, 송악, 장구밥나무, 갯장구채, 담상이삭풀, 갯까치수염, 갯메꽃 등 13종이 있다.

1977년 문화방송·경향신문과 한국자연보존협회의 공동 조사에서 동격렬비도의 식물 식생은 무성한 억새와 칡 군집이 돋보인 반면 사철나무 군락은 왜소하고 해변에는 소리쟁이, 갯방풍이 드물게 자라는 가운데 명아주, 쇠비름, 소리쟁이 등도 자생하고 있는 것으로 확인되었다(오규칠, 1977). 초본류가 25과 50종, 목본류가 10과 14종으로 나타났다. 동백나무가 섬 상층부와 중층부에 고루 분포하고 그 아래 넓은잎사철, 딱총나무, 칡 등이 서식하고 있었으며, 하층부에는 원추리, 억새, 큰천남성, 무아재비가 곳곳에 군락을 이루고 있었다(김태욱·한경혜, 1977).

당시 조사에서 관찰된 식물 중 백합과 8종은 방울빗자루·원추리·둥굴레·부추·무릇·달래·하늘말나리·중나리, 벼과 7종은 강아지풀·바랭이·조개풀·억새·포아풀·겨이삭·갈대, 국화과 6종은 두모고들빼기·엉겅퀴·산비장이·해국·제비쑥·감국이었다. 여뀌과(마디풀과) 3종은 소리쟁이·며느리밑씻개·여뀌, 십자화과 2종은 무아재비·노란장대, 박주가리과 2종은 박주가리·큰조롱이 있다. 사초과 2종은 길뚝사초·방울고랭이, 꼭두선이과 2종은 꼭두선이·계요등, 박과 2종은 노랑하늘타리·돌외, 명아주과 1종은 명아주이고, 돌나물과 1종은 바위채송화, 가지과 1종은 까마중, 메꽃과 1종은 메꽃, 면마과 1종은 도깨비쇠고비, 마과 1종은 마, 질경이 1종은 왕질경이, 산형과 1종은 갯기름나물이었다.

아울러 석죽과 1종은 개별꽃과 동자꽃, 쐐기풀과 2종은 모시풀·거북꼬리, 명아주과 2종은 명아주 등으로, 고사리과 1종은 고사리, 마타리과 1종은 뚜깔, 골풀과 1종은 골풀, 붓꽃과 1종은 붓꽃, 고비과 1종은 고비, 현삼과 1종은 머느리밥풀, 물래나물과 1종은 물레나물, 꼭두선이과 1종은 꼭두선이, 천남성과 1종은 큰천남성, 질경이과 1종은 질경이, 콩과 3종은 매듭풀·칡·자귀나무, 대극과 1종은 대극, 앵초과 1종은 큰까치수염, 쥐방울덩굴과 1종은 쥐방울덩굴로 조사되었다.

동격렬비도에 서식 중인 목본류 가운데 장미과 9종은 찔레나무·산딸기·복분자딸기·팥배나무·야광나무·멍석딸기·나무딸기·국수나무·산벚나무로, 포도과 4종은 담쟁이덩굴·새머루·개시잎머루·개머루로, 인동과 3종은 인동널굴·덜꿩·병꽃으로, 운향과 3종은 산초·초피·왕초피로, 노박덩둘과 2종은 회잎나무·화살나무로, 물푸레나무과 2종은 물푸레나무·쥐똥나무로, 소나무과 2종은 소나무·곰솔로 각각 조사되었다.

서식 중인 미나리아재비과 2종은 외대으아리·사위질빵으로, 보리수나무과 1종은 녹보리똥으로, 녹나무과 1종은 생강나무로, 피나무과 1종은 장구밥나무로, 옻나무과 1종은 붉나무로, 때죽나무과 1종은 때죽나무로, 단풍나무과 1종은 단풍나무로, 갈매나무과 1종은 갈매나무로, 다래나무과 1종은 다래나무로, 자작나무과 1종은 소사나무로, 나도밤나무과 1종은 합다리나무로, 마편초과 1종은 누리장나무로, 진달래과 1종은 진달래로, 으름덩굴과 1종은 으름덩굴로, 두릅나무과 1종은

▌ 숲이 울창해 식생이 가장 풍부한 동격렬비도 ⓒ김정섭

두릅나무로, 노린재나무과 1종은 노린재나무로 각각 확인되었다.

앞에서 언급된 충남발전연구원의 보고서(2012)에 따르면 동격렬비도에서 생육이 확인된 해조류는 서격렬비도와 동일한 종으로서 녹조류 7종(구멍갈파래, 잎파래, 파래류 등), 갈조류 14종(지충이, 바위수염, 못, 미역 등), 홍조류 30종(불등풀가사리, 풀가사리, 서실류, 진두발 등)이다.

이 섬은 괭이갈매기의 집단 서식지로 2만 5000개체 이상이 번식하고 있다. 황조롱이, 흑비둘기, 칼새, 노랑할미새, 찌르레기, 섬개개비 등 11종의 조류가 살고 있다. 포유류는 방목해 정착한 것으로 보이는 염소들이 서식하고 있다.

육상 곤충은 총 4목 15속 15종이 서식하는 것으로 나타났다. 노린재목인 가시점등글노린재와 남색주둥이노린재, 딱정벌레목인 대유동방아벌레, 방아벌레, 붉은다리빗살방아벌레, 풍뎅이, 조롱박먼지벌레, 벌목인 황장다리개미, 노란꼬리치레개미, 스미스개미, 극동혹개미, 파리목인 호리꽃등에, 검정파리, 꽃등에, 똥파리가 바로 그것이다.

1977년 7월 문화방송·경향신문과 자연보존협회의 공동 학술조사에 따르면 동격렬비도에 배추흰나비, 큰멋쟁이, 남방부전나비, 뽕나무들명나방, 연노랑들명나방, 붉은들명나방, 뒷노랑수염나방, 노랑애기나방, 된장잠자리, 중국꽃무지, 벼가시허리노린재, 토고숲모기 등의 곤충이 서식 중인 것으로 확인되었다(신유항·주용규, 1977). 당시 조사에서 바다 식물은 염조류 4종, 홍조류 39종, 갈조류 17종, 녹조류 10종이 발견되었다. 남방계 식물인 지충이, 톳, 비틀대모자반 등이 번성했으며, 불등가사리, 바위수염, 풀가사리, 개미역쇠, 보라색우무, 구멍갈파래, 미역, 티크티오타, 솜클라도포라, 막우뭇가사리, 우뭇가사리, 갈고리아스파라거스, 가는아크로소리움 등이 곳곳에 분포했다(이인규·유순애, 1977).

충남발전연구원의 같은 연구보고서(2012)에 따르면 동격렬비도에는 해면동물 5종, 자포동물 15종, 태형동물 9종, 연체동물 23종, 환형동물 6종, 갑각류 25종, 극피동물 13종, 척삭동물 4종 등 모두 96종이 서식하고 있다. 이 가운데 '장수삿갓조개'는 우리나라 고유종으로 환경부가 2012년 5월 31일 멸종위기 야생생물 II급으로 지정해 보호 중이다. 이들은 주로 수심 약 10m 되는 곳 바위 등에 붙어 사는데, 껍데기는 노란빛이 도는 흰색의 긴 달걀 모양이다. 2010년 이 섬을 포함한 태안해

동격렬비도 자생 희귀동물

ⓒ김종욱

■ 멸종위기야생생물 II급 '장수삿갓조개'

■ 희귀종 '오늬이마물맞이게'

■ 국내 미기록종 '큰도롱이갯민숭이'

■ 국내 미기록종 '좁은뿔꼬마새우'

안 국립공원에서 8개체가 발견되었다. 이후 2017년 5월 백령도, 대청도, 소청도, 연평도, 우도 등 서해 5도에서 서식 중인 12개체가 확인됐다.

'빨강줄군부'와 '군산물레고둥', 갑각류인 '오늬이마물맞이게'는 희귀종이다. 특히 깊은 수심인 20~100m 깊이의 모래진흙에 사는 오늬이마물맞이게는 외양이 붉은색으로 갑각 등면의 위·염통 부분이 원추형으로 솟은 모양이다. 게의 이마가 '오늬'처럼 생겼다 하여 붙은 이름이다. 오늬는 화살의 머리를 활시위에 끼도록 V 자로 에어낸 부분을 가리키는데, 몽골어 '호노'가 고려시대에 들어와 차용되면서 정착했다. 바다달팽이 일종인 '도롱이갯민숭이류(cuthona sp, sea slug)'와 함께 '가시투성어리게류', '토끼고둥류', '좁은뿔꼬마새우류' 등의 국내 미기록종도 서식하고 있다. 이 가운데 도롱이갯민숭이류는 몸은 대체로 납작하며 좌우 대칭형이다. 색상 및 돌기 모양에 따라 큰도롱이갯민숭이, 검정큰도롱이갯민숭이, 털도롱이갯민숭이, 보라선꼭지도롱이갯민숭이 등으로 종류가 다양하다.

도롱이갯민숭이류는 바다달팽이의 사촌 격으로 화려한 날갯짓과 보호색으로 바다를 유영하며 몸에서 터페노이드(terpenoid) 화합물인 강한 독성물질을 분비하거나 이 독소가 들어 있는 독침을 쏘아 먹이를 섭취한다. 크기·모양에 따라 큰도롱이갯민숭이과, 작은도롱이갯민숭이과 등으로 나뉜다. 보통 작은 미생물, 따개비류, 어류의 알, 멍개류는 물론이고, 말미잘·히드라·해파리·산호류 등의 자포동물과 해면동물을 기절시킨 다음 줄 톱처럼 생긴 입안의 치설(齒舌, radula)로 잘라 먹는다. 도롱이갯민숭이는 영어로 '누디브랜치(nudi branch)'라 하는데 어의를 풀이하면 '벗은 아가미(naked gills)'라는 뜻이다.

좁은뿔꼬마새우의 수컷은 암갈색으로 흰점이 곳곳에 분포하며 암컷은 다양한 색상을 보이며 복부의 마디마다 세로띠를 지니고 있다. 그 밖에 동격렬비도에는 바다볏과의 강장동물로 붉은색 몸에 솟아난 폴립에 8개의 촉수를 갖고 있어서 모양이 아름다운 '바다딸기류(strawberry soft coral)' 외에 '큰산호붙이히드라', '부채꼴산호류' 등의 우점 군락이 형성되어 있다. 이 외에도 어류로 참돔, 감성돔, 농어 등이 서식하고 있다.

앞서 말한 1977년 공동 조사 보고서에는 동격렬비도에는 깎아지른 암벽에 흑따개비가 다닥다닥 붙어 있어 장관을 이룬 가운데 높은 파도가 닿은 암벽에는 총

알고동이, 그 아래에는 거북손, 조무래기따개비, 대수리, 홍합이 번성하고 있었다 (김훈수·이경숙, 1977)고 기록되었다. 이뿐 아니라 무늬발게, 뿔물맞이게, 벌물가 사리, 두드러기어리게, 울타리고동, 갈고동, 어깨뿔고동, 보말고동, 태두리고동, 좀털군부, 둥근배무래기, 대수리 등도 서식하고 있는 것으로 확인되었다. 이 가운 데 '무늬발게'는 북격렬비도에서도 발견된 동물이다.

이어서 북격렬비도를 생태적 가치를 살펴보자. 환경부 조사에 따르면 북격렬 비도에는 멸종위기 야생동물인 '매'가 번식하고 있다. '검은따개비'도 집단 서식한 다. 희귀 해양동물인 '무늬발게'가 발견되어 1962년 해양생물학자 김훈수(1962)에 의해 학계에 보고된 섬이기도 하다. 이에 앞서 일본인 가미타 쓰네이치(上田常一) 는 북격렬비도에 서식하는 여러 종류의 게류를 연구해 그 분포를 『조선산갑각십 각류의 연구 제1보: 해류(朝鮮産甲殼十脚類の研究 第一報: 蟹類)』라는 연구서(上田 常一, 1941)에 담기도 했다. 서식 특성을 고려할 때, 조간대 고착동물인 검은따개 비가 집단 분포하는 북격렬비도 일대는 난류의 영향이 미치는 곳임을 알 수 있다. 검은따개비는 패각의 직경이 보통 30~40mm로 위에서보면 원형이지만 옆에서 보 면 원추형이다. 무늬발게는 걷는 다리에 세로형 줄무늬가 있어 모양이 아름답다. 갑각 윤곽은 사각형으로 대부분이 짙은 녹색이다. 등면은 털이 없이 매끈하며

▌ 무늬발게

▌ 무늬발게를 묘사한 가미타 쓰네이치의 『朝鮮産甲殼十脚類の研 究 第一報: 蟹類』(1941) 표지

H 자 모양의 홈이 파여 있고 모서리에 알갱이 모양의 돌기가 솟아 있다. 말미잘 등에게 많이 잡아먹힌다.

이 섬에 분포하는 지질학적 특징인 주상절리, 해식동, 시스택도 환경적으로 보존 가치가 높다. 아울러 널따란 상록수림도 환경·생태적인 매력을 더하고 있다. 식물, 어류, 곤충을 비롯한 다양한 생물상도 돋보이는 섬이다. 1977년 학술조사에 따르면 식물은 동백나무와 보리밥나무, 사철나무 등이 많은 가운데 갯방풍, 원추리, 억새, 참나리, 명아주, 한삼덩굴, 쇠무릅, 마디풀, 망초 등이 곳곳에 자라고 있다(오규칠, 1977).

같은 조사에서 곤충류는 배추흰나비, 큰멋장이, 남방부전나비, 붉은들명나방, 뒷노랑수염나방, 흰띠들명나방, 흰배저녁나방, 노랑애기나방, 아그나타은빛나방, 된장잠자리, 포유유리나방, 왕잠자리, 날개잠자리, 꼬마검정풍뎅이, 밤색우단풍뎅이, 청동풍뎅이, 수염방아벌레, 질점부당벌레, 톱날노린재, 토고숲모기 등이 발견되었다(신유항·주용규, 1977).

2019년 11월 5일 연구자가 북격렬비도에 직접 들어가 탐사 연구한 결과 찬바람이 거센 늦가을인데도 새로운 봄을 맞이한 듯 따사로운 햇볕을 머금고 동백나무, 산뽕나무, 사철나무를 비롯해 갯방풍, 달래, 청갓, 유채, 클로버 등이 풍성하게 자라고 있었다. 나무 중에는 동백나무와 산뽕나무가 아담한 터널 숲을 이룰 정도로 많았다. 특히 달래와 청갓은 나루터에서부터 오르막길, 산록, 정상에 이르기까지 누가 씨를 뿌려놓은 듯 매우 풍성했다.

끝으로 서격렬비도의 생태적 가치를 살펴보자. 서격렬비도는 태안의 섬 가운데 가장 서쪽에 위치하고 있다. 섬 전체 모양은 다른 2개의 섬과 같이 북서와 남동 방향의 장타원체를 이루고 있다. 섬의 중앙부의 높은 곳은 해발 85m에 달하며, 사면이 가파르기 때문에 접근이 불가능하고 해풍과 토양층이 얕아 식생이 형성되기 어려운 환경이다. 기반암에 절리가 발달하여 차별침식으로 비탈면이 점차 무너져 내리는 '사면붕괴(斜面崩壞, slope failure)'를 일으켜 나뉜 모습이다. 북격렬비도와 마찬가지로 외해 파랑의 직접적인 영향권에 노출되어 있어 해식애, 해식동 등 암석 해안이 발달되어 있다.

섬 북쪽에는 시스택이 나타나고 바위섬에는 시아치(sea arch)도 형성되어 있다. 동쪽 해안에는 파도에 의한 침식으로 절리면을 따라 차별침식이 일어나 사면 붕괴가 진행되는 곳도 있으며 그로 인한 거친 각력(角礫, rubble)의 애추사면(崖錐 斜面, talus slope)이 형성되어 있다. '시아치'는 오랜 풍화와 침식에 의해 바위들이 아치 모양으로 연결된 것을 말한다. '각력'은 암석이 부서져 생긴 암석편의 모가 거 의 닳지 않고 그대로 있는 것을 뜻한다.

'애추사면'은 산지의 경사지면을 따라 돌 더미를 형성하는 경사지를 지칭한다. '애추(崖錐, talus)'는 풍화된 암석(암설)이 중력의 작용으로 급사면에서 떨어져 내 려가 퇴적된 반원추형의 지형을 말한다. 애추는 기계적 풍화작용에 의해 단애 면 으로부터 분리되어 떨어진 암괴들이 사면 기저부에 설형(楔形)으로 쌓인 지형으 로 '스크리(scree)'라고도 한다.

충남발전연구원의 보고서 「격렬비열도의 역사적, 지리적, 환경적 고찰」 (2012)에 따르면 서격렬비도는 사람들의 왕래가 매우 드문 섬으로 갈매기들이 대 규모로 서식하고 있다(권영현·이인배, 2012). 이곳의 자생 관속식물군은 해국을 포함하여 14종만이 확인되고 있다. 능선부에 키 작은 목본식물들이 자생하고 있 으며, 해안선지역에서는 노란원추리와 해국(海菊)이 생육되고 있다.

■ 북격렬비도 동쪽 면의 주상절리(오른쪽), 해식애, 해식동의 모습(왼쪽) ⓒ김정섭

저지대의 해안선 암벽 주변에는 노랑원추리와 해국을 중심으로 땅채송화, 가는갯능쟁이, 사철쑥, 갯기름나물, 갯장구채, 소리쟁이, 도깨비고비, 갯질경이, 갯까치수염, 수영 갯능쟁이. 모래지치, 밀사초 등이 살고 있다. 환경부가 지정한 '식물 구계학적● 특정 식물종'은 해국, 갯장구채, 모래지치, 밀사초 등 4종이 확인된다. 식물 구계학적 특정 식물종은 환경·생태적인 이유로 고립되어 분포하거나 또는 불연속적으로 분포하는 분류군에 속하는 특정 수종을 말하는데, 등급이 높을수록 희귀하다.

서격렬비도 인근 해역은 착생 해조류의 생육에 적합한 환경이므로 해안선을 따라 해조군집이 잘 발달되어, 서해의 다른 인근 섬보다 종다양성이 높다. 서격렬비도에서 생육이 확인된 해조류는 녹조류 7종, 갈조류 14종, 홍조류 30종이었다. 녹조류는 잎파래, 모란갈파래, 민대마디말, 덤불대마디말, 참깃털말, 청각의 서식이 확인되었다.

갈조류는 바위두룩, 불레기말, 다시마, 고리매, 바위수염, 쇠꼬리산말, 미역, 끈말, 미끈뼈대그물바탕말, 실그물바탕말, 톳, 큰잎알송이모자반, 지충이, 모자반류가 서식했다. 홍조류는 모무늬돌김, 방사무늬김, 우뭇가사리, 애기우뭇가사리, 참산호말, 작은구슬산호말, 산호말류, 참까막살, 지누아리사촌류, 참지누아리, 미끌지누아리, 지누아리류, 두몬티아, 불등풀가사리, 참풀가사리, 꼬시래기, 부챗살, 진두발, 애기돌가사리, 누른끈적이, 참사슬풀, 참깃풀, 단박, 비단풀, 네깃풀, 엇가지풀, 털엇가지풀, 개서실, 큰서실, 모로우붉은실이 자생했다.

1977년 학술조사에 따르면 식물은 염분이 있는 토양에서 잘 자라는 갯방풍, 해국, 바위채송화, 댑싸리 등이 주로 분포하고 있는 가운데 사철나무가 소군집을 이루고, 바랭이·쇠고비 등도 드물게 발견되었다(오규칠, 1977).

육상동물의 경우 충남발전연구원의 조사에서 포유류는 발견되지 않았으나 새는 괭이갈매기와 가마우지가 산다. 특히 2006년 조사 당시 괭이갈매기의 경우 집단번식지가 확인되어 개체수가 4750마리 이상으로 나타났다. 곤충은 잠자리목의 된장잠자리, 딱정벌레목의 참검정풍뎅이, 벌목의 황장다리개미, 검정꼬리치레개

● 식물구계학(植物區系學, floristics)은 특정 지역의 식물 종과 그 식생 구성을 연구하는 학문을 말한다.

북격렬비도에 자생하는 식물
ⓒ김정섭

▌ 동백나무 군락

▌ 달래　　　　　　　　▌ 청갓　　　　　　　　▌ 산뽕나무

141

미, 극동혹개미, 파리목의 호리꽃등에, 검정파리, 꽃등에 등 총 4목 8속 8종이 서식하는 것으로 조사되었다.

　서격렬비도에 서식하는 저서무척추동물은 해면동물(海綿動物) 4종, 자포동물(刺胞動物) 15종, 태형동물(苔形動物) 4종, 연체동물 28종, 환형동물 7종, 갑각류 20종, 극피동물 10종, 척삭동물(脊索動物) 3종 등 총 88종이다. 서식 가능성이 높은 종을 포함하면 약 130여 종이 서식하는 것으로 보인다. 이 종들 가운데 희귀종은 연체동물인 '빨강줄군부'와 갑각류인 '오늬이마물맞이게'이며, 토끼고둥류·좁은뿔꼬마새우류·가시투성어리게류 등 세 종의 한국 미기록종이 서식하고 있는 것으로 확인되었다. 이들은 대부분 동격렬비도에서도 서식이 확인된 해양동물이다.

　이뿐 아니라 부채꼴산호류 등의 우점 군락이 형성되어 있다. 이곳은 서해안에서 서쪽으로 가장 멀리 이격된 섬으로 서남해 끝단인 가거도, 대흑산도, 홍도

▌ 서격렬비도 서쪽 면의 해식애, 해식동, 시스택 ⓒ김정섭

등으로부터 분산하는 저서생물(底棲生物, benthos)들의 이주와 적응에 중요한 장소 기능을 담당하며, 한류성 생물의 서식지로 기능하고 있다. 저서생물은 해저에서 해저 지층, 암석, 나무에 구멍을 뚫거나 들붙어 서식하는 생물을 통칭하는 말이다.

격렬비열도에 자생하는 주요 약료 식물

전호(前胡, queen-anne's-lace)

미나리과 또는 산형과에 속하는 여러해살이 초본식물로 바다나물, 개당나물, 까치발나물, 사약채, 연삼으로도 불린다. 말린 뿌리를 약명으로 '전호'라 불렀다. 뿌리에는 약효 성분인 후로쿠마린류인 노다케닌과 스폰게스테론, 마니톨 등이 많다. 가래를 삭이고 기침을 가라앉혀 천식을 완화시킨다. 신진대사 촉진, 풍의 제거, 해열, 해소, 구토·구역질·경련·궤양을 완화해 주며 항균·항암·해독 작용을 한다. 유사종으로는 털전호, 처녀바디, 흰바디나물, 잔잎바디 등이 있다.

달래(uniflower onion)

톡 쏘는 매운맛과 향이 있는 달래는 '알리신(allicin)' 성분이 있어 원기회복과 자양강장 효과가 있는 부추과 식물이다. 단화총(單花蔥), 산산(山蒜), '와일드 갈릭(wild garlic)'으로도 불린다. 야생과 재배를 통해 자란 달래를 채취해 사시사철 식용할 수 있다. 달래는 외떡잎식물 백합목 백합과의 여러해살이풀로 다른 이름은 소산(小蒜), 야산(野蒜), 산산(山蒜)이다. 철분, 비타민, 칼슘이 풍부해 식욕부진과 춘곤증 해소, 여성질환과 빈혈 예방, 콜레스테롤 수치 저하에 도움을 준다. 돼지고기와 함께 섭취하면 좋다고 알려져 있다.

우슬(牛膝, two-toothed achyranthes 또는 Japanese chaff-flower)

한약재로 쓰이는 비름과의 여러해살이풀로 한자어를 풀어 '쇠무릎'이라고도 한다. 우슬은 쇠무릎의 뿌리에 해당하는 약재이다. 독성은 없고 피를 맑게 하는 성질이 강하다. 사포닌, 칼륨, 점액질이 풍부하여 허리와 다리의 통증 제거, 관절과 근육 인대의 이완, 신장병 치료에 쓰인다. 물로 달이거나 술에 담가 먹고, 가루를 내어 동그랗게 환을 지어 먹기도 한다. 혈액을 맑게 하기에 임신부나 설사 환자는 복용을 금한다.

작약(芍藥, peony root)

미나리아재비목 작약과의 다년생 식물로 몽골, 중국 등이 원산지다. 잎의 표면은 짙은 녹색이며, 대개 5~6월에 흰색이나 빨간색이나 여러 색이 혼합된 꽃이 한 송이 핀다. 페오노시드, 페오니플로린, 페오닌, 갈로타닌, 벤조산 등이 함유되어 있다. 한방에서는 뿌리를 진통, 해열, 이뇨제로 쓴다. 모양이 백작약이나 모란과도 비슷하다. 특히 잎 뒷면의 맥에 털이 있는 것은 '호작약', 밑씨에 털이 조밀하게 난 것을 '참작약'이라 한다.

갯기름나물(coastal hogfennel)

별칭은 갯기름, 일본 전호다. 뿌리는 식방풍(植防風), 목방풍(牧防風), 산방풍(山防風) 등으로 부른다. 산형화목 미나리과의 여러해살이 쌍떡잎식물로 바닷가나 냇가에서 잘 자란다. 약재로는 가을에 채취해 햇볕에 말려 사용하는데, 감기로 인한 발열, 기침, 두통, 그리고 신경통, 중풍, 풍증, 안면신경마비(구안와사), 습진 제거 및 완화 효과가 있고 면역 조절, 항암활성 효과, 자양, 강장에 도움을 준다고 알려져 있다.

별꽃(chickweed)

밭이나 길가에서 흔히 잘 자라는 쌍떡잎식물 이판화군 중심자목 석죽과의 두해살이풀이다. 자초(滋草), 계장초(鷄腸草), 번루(繁縷), 아장초(鵝腸草)라고도 한다. 잎은 마주나고 달걀 모양이다. 꽃받침은 5개이며 2개로 깊게 갈라지며 외면에 가는 털이 가득 나 있다. 종자의 껍질에 유두상돌기가 있다. 어린잎과 줄기를 식용한다. 한약재로는 피임과 젖이 잘 나오도록 하는 최유제 용도로 쓴다고 한다.

갈퀴덩굴(false-cleavers)

꼭두서닛과에 속하는 두해살이 만초(蔓草)다. 약명은 '팔선초(八仙草)'인데, 중국에서는 '소거등(小鋸藤)'이라 한다. 줄기 길이는 1m가량이며 잎은 피침형으로 가늘고 긴데 대개 6~8개씩 돌아가면서 난다. 봄에 어린 순을 나물로 무쳐 먹는다. 한약재로 쓸 경우 7~9월에 채취하여 말린다. 이를 산완두(山豌豆)라 하는데 타박상, 통증, 신경통, 임질 시의 혼탁뇨, 혈뇨, 장염, 종기 등의 치료에 효능이 있다고 한다.

큰천남성(天南星, ringens jack-in-the-pulpit)

납작한 공 모양의 알줄기가 달리는 천남성과 식물이다. 덩이뿌리가 약재인데 이를 '천남성'이라 부른다. 여기에는 트리테르페노이드 사포닌, 안식향산, 아미노산, 녹말 등이 함유되어 있다. 중풍으로 야기된 화담(化痰), 거풍(祛風), 구안와사(안면신경마비), 반신불수, 경련, 파상풍, 타박과 골절, 독이 있는 뱀에 물린 데 많이 사용된다.

거지덩굴(sorrel vine)

덩굴성 여러해살이풀로 한약재로는 채취해 말린 것을 '오렴매(烏蘞莓)', '오엽매(五葉莓)', '오룡초(五龍草)'라 한다. 풀머루덩굴, 발룡갈이라고도 부른다. 펜토산의 일종인 아라반(araban), 초산칼륨, 스테롤, 아미노산, 탄닌, 페놀, 점액질, 식물 고무질이 함유되어 있다. 소염, 해독, 진통, 이뇨, 청열(淸熱), 이습(利濕), 해독, 혈뇨, 류머티즘성 통증, 황달 등에 효과가 있다고 한다.

감국(甘菊, chrysanthemum indicum)

'야국(野菊)', '황국(黃菊)'이라고도 한다. 옛날 중국에 현자인 항경과 장방이 중양절에 재앙을 피하고자 온 식구가 산수유를 따서 주머니에 넣고 산에 올라가 국화술을 마신 얘기에서 유래한다. 국화과로 꽃이 노란 혀 같다. 향기가 독특하다. 눈과 머리를 시원하게 하고 눈물이 나는 것을 멎게 하며 열을 내린다. 폐렴, 기관지염, 두통, 어깨 결림, 고혈압, 간 기능과 생리불순 개선, 여드름과 피부 트러블 개선에 효과가 있다.

도깨비고비(holly fern)

면마과 쇠고비속의 사철 푸른 양치식물이다. 요즘 정원의 돌조경과 함께 부재료로 많이 사용하고 있는 식물이다. 한방에서는 식물의 뿌리줄기와 잎자루를 '전연관중(全緣貫衆)'이라 칭했다. 유행성 감기의 해열작용, 일반적인 지혈, 자궁 출혈 발생시 지혈 효과, 촌충과 회충 등 기생충 구제에도 쓰인다고 한다.

용가시나무(maximowicz's rose)

장미과 식물인 낙엽활엽수로 '덩굴찔레나무'라고도 한다. 어린 순은 식용으로 제격이며, 한방에서 익은 열매를 말려 설사약과 이뇨제로 사용했다. 줄기가 옆으로 뻗어 자란다. 가지에는 가시와 샘털이 있고 땅에 밀착하여 뻗으면 길이가 대체로 10m까지 이른다. 전국 각지의 산기슭이나 개울가에서 잘 자란다.

7장

태안의 전통식 소금인 자염을 만드는 염벗의 공정
지금은 거의 명맥이 사라졌다. ⓒ태안군

풍성한
전통문화가
온존하는 해역

가마솥

01

전통이 살아 있는 자염 염벗터, 독살, 산제, 풍어제

환황해권의 중심에 있는 격렬비열도는 예부터 아름답고 풍성한 전통문화를 창출해 가꾸고 보존해 왔다. 먼저 격렬비열도와 인근 해역은 조기, 우럭, 삼치, 전복, 새우, 멸치, 까나리 등이 많이 잡히는 황금 어장인 동시에 염도(鹽度)를 높인 뒤 가마솥에 계속 끓여 석출(析出)하는 소금인 '자염(煮鹽)'*의 특산지로 유명하다. 자염의 '자(煮)'는 '끓인다', '삶는다'는 뜻이므로 자염은 한마디로 '바닷물을 끓여서 만든 소금'이다.

태안 자염은 지금도 지역 고유의 명물 특산품으로 전국에서 각광받고 있다. 그래서 두야리, 안기리, 마금리, 도황리, 정죽리 등에서는 자염을 생산했던 움막형 염전 '염벗터'의 흔적이 지금도 남아 있다. 태안군은 종종 전통식 자염의 생산 과정을 학생들은 물론이고 관광객들이 체험할 수 있도록 하기 위해 전통식 염벗터**를 종종 재현하고 있다. 태안의 특산물인 자염 생산과정을 한눈에 볼 수 있도록 하기 위해서다.

이곳은 태안 어민들의 오랜 전통 고기잡이 방식인 어로법(漁撈法)도 보존하고 있다. 바다 쪽을 향해 움푹 팬 말굽 모양으로 높은 돌담을 쌓아 물고기를 가두어 잡는 전통식 함정어구(陷穽漁具) '독살'과, 물속에 나무를 둘러 꽂아 고기를 잡는 방식으로 어량(漁梁), 어전(漁箭)으로도 불리는 '어살' 등이 그것이다. 이처럼 태안

● 일제강점기에 들어온 천일염은 해수를 끌어들인 뒤에 바람과 햇볕으로 수분을 점차 증발시켜서 결정시킨 소금인 반면, 자염은 거듭된 여과 과정을 통해 염도를 높인 해수를 끓여 만든 소금이다. 천연 상태의 성분을 그대로 간직한 소금이므로 미네랄이 풍부하고 풍미가 좋다고 한다. 태안 등 서해안에서는 보통 4~10월 해수면이 가장 낮은 조금 때를 이용해 갯벌을 써레로 수차례 갈면서 개흙의 염분을 여과시킨 뒤 염벗 움막의 가마에 부어 8시간 정도 가열해 결정을 추출한다. 자염은 화염(火鹽), 전오염(煎熬鹽), 육염(陸鹽)이라고도 부른다.

●● 소금 가마의 움막을 '염벗'이라고 부르며, 이런 움막을 가진 부자들을 '벗주'라고 한다.

▌ 태안 특산물인 자염 생산과정을 재연하는 모습 ⓒ 태안군

에서는 조수간만의 차를 이용한 오래된 고기잡이 장치를 재현해 어촌의 전통을 보존하는 데 앞장서고 있다.

태안군 근흥면 독살은 채석포·정죽리·도황리·마도 등에서, 어살은 두야리·안기리·마금리에서 지금까지도 어로작업에 간간이 활용되고 있다. 특히 신진도리 마도 독살은 조선시대에 만들어진 것으로 추정한다(태안문화원, 2012). 독살은 바닷가에 돌담을 쳐서 움푹 팬 공간을 만든 다음 밀물 때 들어온 물고기를 '독 안에 든 쥐'처럼 가둬 잡기 때문에 붙은 이름으로, 보존과 재현 가치가 높은 이 지역의 독특한 고기잡이 방식이다. 따라서 상설 독살 어장을 조성해 어로용이나 관광체험용으로 활용할 필요가 있다.

1908년부터 1911년까지 농상공부 수산국, 조선총독부 농상공부에서 전국 연안의 도서와 하천에 대해 수산 실태를 조사해 작성한 보고서 『한국수산지(韓國水産志)』에는 한국의 전통 어업 방식으로 방렴(防簾), 건방렴(乾防簾), 전(箭), 석방렴(石防簾), 토방렴(土防簾)을 제시했는데, 바로 '석방렴'이 석전 즉 독살을 지칭한다.

풍성한 어업 활동의 가장 큰 장애물은 해상의 천재지변이다. 예부터 천재지변을 예방하려는 사람들의 마음은 제천의식의 실행이나 토속신앙의 추종으로 이어졌다. 특히 태안 해안이나 격렬비열도 해역과 같은 바다는 풍어(豊漁)와 해역의 안전을 통할하는 바다 신을 비롯한 지엄한 신격이 존재하는 공간이면서도 사람들이 가지고 있는 액(厄)을 멀리 내보낼 수 있는 공간이다(홍태한, 2006). 그래서 어민이 많았던 태안 신진도·가의도·웅도 등과 격렬비열도 해역 인근 주민들은 풍랑에 의한 사고를 예방하고 풍어를 기원하는 뜻에서 '산제(山祭)'와 '풍어제(豊漁祭)'가 이어져 전통문화로 자리잡았다.

1977년 학술조사에서는 격렬비열도와 가장 가까운 가의도의 큰말 뒷산 중턱의 두 칸짜리 산당(山堂)에서 마을 주민들의 무병장수, 풍어, 안전 조업을 기원하기 위해 매년 음력 12월과 3월에 '산제'를 지내는 것을 확인했다(한상복·전경수, 1977). 산제를 앞두고 출산을 하는 경우 외연도, 장고도 등 다른 서해안 섬의 풍속처럼 부정을 탄다고 믿기 때문에 임부(姙婦)는 아이를 낳는 것을 돕는 해산 수발자(산파)와 함께 마을을 떠나 외지 산자락의 온돌과 식수가 마련된 납작한 돌에 '뜸막'을 짓고 그곳에서 아기를 낳았다. 그 풍속은 최근까지도 엄격히 지켜졌다. 1976년

에도 산제 직전에 두 건의 해산이 있어 한 건은 뜸막에 가서 출산했고, 다른 한 건
은 몰래 출산하는 바람에 예정된 산제를 무기한 연기했다가 해와 달을 각각 넘겨
1월 3일에 지냈다고 한다.

　1977년 학술조사 보고서에 따르면 산제는 미리 생기(生氣)와 복덕(福德)을 따
져 제관(祭官)을 정하는 것부터 시작한다. 당주(堂主) 1인, 화장(火匠) 1인, 동사 2인으
로 구성된 제관단이 우물 옆에서 목욕재계(沐浴齋戒)●를 하고 음력 1월 3일 산당

●　제사를 지내거나 신성한 일을 하는 경우, 이를 앞두고 목욕을 해 몸을 깨끗이 하고 마음을 가다듬어 부
　정(不淨)을 피하는 일을 지칭한다.

■ 태안 청포대 해수욕장 인근에 설치한 전통적 고기잡이 '독살' 체험장　ⓒ태안군

에 들어가 청소를 한 뒤 저녁에 네 번 밥을 지어 제상을 마련한다. 예전에는 소 한 마리를 잡아 올렸으나, 근래에는 소머리, 고기, 간을 준비하고 대추, 건시(곶감), 밤, 사과 등의 과일과 도가(都家)*에서 누룩으로 빚은 제주(祭酒), 메(밥), 탕을 제상에 올린다. 마을의 모든 가구와 선박의 안전 및 풍어를 위해 하얀 종이로 소지(燒紙)를 올리며 축원하는 것은 당주의 의무이다. 4일 새벽에 '뜰제'를 지내고 산에서 내려오면 제물로 올린 고기와 준비한 막걸리로 음복(飮福)을 하고 마을 총회를 시작으로 잔치를 벌인다. 일제강점기에는 일본의 군부대가 들어와 이런 풍속을 없애려고 했지만, 마을 사람들의 끈질긴 저항과 투쟁으로 산제를 지켜내 지금도 같은 규모로 열리고 있다고 한다.

특히 격렬비열도로 가는 길목에 있는 가의도 사람들은 배의 안전과 풍어를 보장해 주는 배의 수호신 '선왕(船王: 뱃서낭)'이 있다고 믿고, 선왕을 잘 모셔야 고기잡이를 나가도 무탈하고 물고기를 많이 잡을 수 있다고 생각했다. 그래서 뱃일이 잘 안되면 밤에 배 앞에서 밥과 떡시루를 놓고 남자가 나서서 풍어를 빌었다. 예전에 이 섬에서는 사람이 죽으면 다시 살아날 수 있다고 믿고 초분(草墳)**을 하여 지관(地官, geomancer)이 묏자리를 잡아줄 때까지 철마다 이엉을 갈아줬다고 한다. 집을 새로 지을 때는 경(經)쟁이를 불러다가 성주(成主)를 모셔 안방 윗목 쪽 대들보에 글자를 써서 붙이는 풍습도 있었다.

격렬비열도와 가까운 또 다른 섬 신진도에서도 수산물을 파는 상가 업주와 주민들 300여 명이 힘을 모아 매년 정월 보름 오전 10시쯤 포구 한쪽에 있는 수산물 위판장(委販場)에서 '풍어제'를 지낸다. 마을에서 가장 원로인 분을 제관으로 모셔 제의를 주도하도록 하고 있다. 제의가 끝나면 음복을 하고 덕담을 나누며 풍물패를 불러 흥을 즐기기도 한다. 안흥 외항의 수협에서는 겨울 한기가 끝나고 본격적으로 출어기에 접어드는 매년 4월 중순 오전 10시쯤 태안군수, 선주, 수협조합장, 상인, 주민들이 모여 풍어제를 올린다.

●   집단적인 계나 굿과 같은 마을 행사를 도맡아 하는 집을 지칭한다.

●●   시신을 바로 땅에 묻지 않고 돌이나 통나무 위에 관을 얹어놓고 이엉 등으로 덮어놓은 초가 형태의 임시 무덤을 지칭한다.

제물을 진설하고 분향강신(焚香降神), 헌주(獻酒), 독축(讀祝), 분축(焚祝)● 순서로 제를 지낸 뒤 선주(船主) 가운데 실적이 우수하거나 공로가 많은 분들을 표창하고 삶은 국수를 함께 먹는다. 분향강신은 하늘에 계신 신에게 향을 피워 알리고 신을 맞이한다는 뜻으로 영혼의 강림을 청하는 의식이다. 제주(祭主)가 신위 앞으로 나아가 꿇고 앉아 향로에 향을 피우면 집사(執事)가 헌주를 한다. 즉 제상에서 잔을 들어 제주에게 건네주고 잔에 술을 조금 따른다. 제주는 두 손으로 잔을 들고 향불 위에서 세 번 돌린 다음, 모사(茅沙)●● 그릇에 조금씩 세 번 붓는다. 빈 잔을 집사에게 다시 건네주고 일어나서 두 번 절한다. 집사는 빈 잔을 제자리에 놓는다.

● 　제를 지내고 읽은 축문(祝文)을 불에 태우는 절차다. '소지(燒紙) 올림'이라고도 한다.
●● 　제사를 지낼 때 술을 따르는 그릇에 담은 모래와 거기에 꽂은 띠 묶음을 지칭한다.

▌ 2019년 봄에 열린 신진도 신진항의 만선 기원 풍어제와 초매식 　ⓒ 태안군
초매식(初賣式)은 '첫 위판(경매) 의식'이라는 뜻으로 어판장의 본격적인 경매에 앞서 조업의 무사, 안녕과 풍어를 기원하기 위해 치르는 의식을 말한다. 어민들은 초매식을 치러야 풍어와 안전 조업이 보장된다고 믿는다.

독축(讀祝)은 축문을 읽는 의식을 말한다. 분축은 부정을 없애고 신에 소원을 빌기 위해 흰 종이를 태워 공중으로 올리는 의식을 말한다.

조선시대 지리·풍속·인물사를 다루는『동국여지승람(東國輿地勝覽)』, 전국 팔도 각 고을의 읍지(邑誌)를 엮은『여지도서(輿地圖書)』등을 토대로 편찬한『태안군지』에 따르면 전통적으로 가의도에서는 주민들이 매년 정월 길일(정월 초사흘)에 마을 뒷산에 있는 2칸짜리 제당에 모여 마을 주민의 안녕과 풍어를 기원하며 마을의 산신령을 모시는 '당제(堂祭)'를 지냈다. 제에 참여하는 사람들은 모두 제를 올리기 전에 정성스레 음식을 준비하고 부정을 경계하는 몸가짐을 했다. 당제 기간에 마을에 산모가 있으면 산 너머에 움막을 지어놓고 그곳으로 보낼 정도로 철저히 금기를 지켰다.

고기잡이에 나서는 선주들은 당제를 지낸 뒤 개별적으로 풍어와 안전을 기원하며 바다를 호령하는 '용신(龍神)'을 대상으로 '뱃고사'를 지냈다. 동시에 그때 제의 음식을 조금 나눠 별도로 '도깨비(참봉)'에게도 치성을 드렸다. 사람이나 동물의 형상을 한 귀신인 도깨비는 '괴귀(怪鬼)'로 불리며 일반적으로 부정적으로 인식되지만, 이곳에서 행운을 주고 그물이나 어살에 고기 떼를 몰아다 주는 역할을 하는, 재운을 가져다주는 존재로 알려져 있었다. 태안·서산 지역 사람들은 바닷가에 사는 도깨비를 참봉(參奉: 조선시대 벼슬 중 하나)이라 불렀으며, 도깨비에게 지내는 제를 '참봉고사(參奉告祀)'라 불렀다.

아울러 이곳에서 전래되는 설화나 전설은 풍어와 어민들의 안전한 조업과 무사 귀환을 위한 기상에 초점을 맞추고 있다. 특히 안흥항에서 격렬비열도에 이르는 해역은 고려와 조선 조정이 항상 관심을 가지고 대책을 강구했을 정도로 파도와 바람이 격해 선박 침몰과 인명 소실이 거듭된 지역이었다. 오죽했으면 고려시대 때 수난 사고를 막기 위하여 신진도의 건너편 지령산(智靈山)에 '안파사(安波寺)'●라는 절을 짓고, 불가(佛家)에서 물과 뭍의 잡귀를 달래기 위해 올리던 제의

●　　고려 말기에 왜구들이 침입해 파괴하여 조선 세조 때 중건했다.『조선왕조실록』에는 "조선 성종 24년
　　　인 1493년 12월 20일 충청남도 태안군의 안파사(安波寺)에서 해마다 조전선(漕轉船)이 편안히 항해할
　　　수 있도록 빌고 기원하는 수륙재(水陸齋)를 열었고, 그 공미(供米)는 여러 고을이 나누어 분담했다"라
　　　고 기록되어 있다. 수륙재는 '수륙회(水陸會)'라고도 했다. 특히 왕이 국민의 안녕을 위해 절에서 직접
　　　주관하는 수륙재를 '국행수륙재(國行水陸齋)'라고 칭했는데, 이는 조선 중기까지 행해졌다.

인 '수륙재(水陸齋)'를 지내면서 이곳을 지나는 조운선의 안전을 기원했겠는가?

격렬비열도 인근 가의도에 있는 신석기 시대의 빗살무늬토기 조각과 고분 패총(古墳貝塚)도 연구 가치가 높다. 가의도의 양끄미 지역 계곡에는 온전히 굴 껍데기로만 켜켜이 쌓여 있는 '순패층(純貝層)'이 널리 분포되어 있다. 100년 전만 해도 상(喪)을 당하면 시신을 매장할 때 굴 껍질을 석회 대용으로 사용했다고 하는데, 인류학자들은 이런 지형이 굴 껍데기를 매장 재료로 쓴 흔적으로 해석한다. 양끄미 계곡에 굴 껍질을 지게로 져다가 땅바닥에 쌓아놓고 그 위에 불을 피워 굴 껍질이 벌겋게 달아올랐을 때 거적을 덮고 물을 끼얹어 식힌 다음, 그것을 짓밟아 가루를 만들어 사용했다(한상복·전경수, 1977).

지역 현황과 역사, 전래 설화 등을 모아 편찬한 『태안군지』(태안군, 1995)의 읍면별 전설·설화 편에 따르면 격렬비열도 인근에는 용의 전설이 내려오고 있다. 가의도리 동쪽 야산에 '산제당(山祭堂)'이 있는데, 이곳에서는 과거에 주민들의 안녕과 풍어를 기리는 산제를 지냈다고 한다. 현재는 산제의 명맥이 이어지지 않고 있으나 과거에는 주민 전체가 큰 의미를 갖고 참여하는 거도적(擧島的)인 행사였다(박춘석, 1993).

02

조선 정조가 대로해 태안 특산물 진상을 금지한 사연

태안과 격렬비열도 인근 지역은 많은 특산물이 나지만 예부터 대표적으로 '전복(全鰒)'의 명산지였다. 전남 완도의 전복만 유명한 것이 아니다. 태안군에 따르면 지금도 그런 전통을 이어받아 격렬비열도 인근에는 전복 양식장이 운영되고 있다. 『조선왕조실록』을 보면 조선 정조 23년인 1799년 태안 안면도와 인근 섬에서 어민들이 공들여 채취하여 임금에게 진상하는 전복의 납품 과정에서 관리들이 전복을 갈취하거나 일부러 품질 등을 문제 삼아 퇴짜를 놓아 어민들을 괴롭히는 '갑질 사건'이 암행어사의 감찰로 적발되자 해당 관리들을 불러 그 죄를 추국하는 장면이 기록되었다.

구체적으로 충청도 암행어사 신현(申絢)은 1799년 5월 9일 관할 지역을 살피면서 각 고을의 폐단을 정리해 조정에 올리면서 전복 진상을 두고 주민들을 착취하고 괴롭히는 충청도 태안 현감 이종해(李宗海) 등의 비위를 적발해 임금에게 직접 보고했다. 이곳 고을 현감이 지방 정치를 잘못하고 있으니 엄중히 죄를 물어야 한다는 게 보고의 골자였다.

> "지난번에 판부사(判府事)[*] 심환지(沈煥之)의 말을 들으니 태안 안면도의 온 백성들이 바다를 지키는 해군인 수영(水營)의 침학(侵虐: 침범하여 포악스럽게 행동함)에 고생을 하고 있으며 각 섬까지 모두 그 해를 입고 있다고 한다. 진상(進上)에 쓸 '생전복'이 가장 심하다고 했다. 조정에서 몇 년 전부터 전복을 진상하는 일을 얼마나 많이 면제하고 줄여줬는데, 감히 이 조목에 대해 관리들이 농간을 부린다는 말인가?"

[*] 제한된 수준의 왕명 출납과 군사적 기능이 있던 중추부의 으뜸 벼슬 '판중추부사(判中樞府事)'의 약칭이다.

정조는 더욱 화가 나서 다음과 같이 호령했다.

"진상용 전복을 퇴짜 놓은 일로 지난해에는 섬 백성이 비속(裨屬: 관리를 보좌하는 사람)에게 곤장을 맞고 사망한 사건까지 있었다고 한다. 그 곡절에 대하여 묘당(廟堂)●이 수군을 통솔하는 해당 수사(水使: 수군절도사)에게 엄하게 공문을 보내 추문하고 사실대로 비변사(備邊司)●●에게 보고하게 한 다음 초기(草記: 1차 보고서)를 받았다. 들어라! 올해에는 해당 수사는 '전복'이라는 이름을 가진 것들은 1개나 반 개라도 봉진(封進: 임금에게 진상하는 물건을 봉하여 올리는 일)하지 말라."

그러고는 다음과 같이 엄중하게 처벌할 것을 명했다.

"사태가 이러한데도 이른바 영속(營屬)●●●이라는 자들이 각 섬 근처에 출몰하면서 예전대로 토색질(돈이나 물건 따위를 억지로 달라고 강요하는 짓)을 하다가 장차 내려갈 암행어사에게 적발된다면 단속하지 못한 해당 수사는 의금부로 잡아다가 조율하여 금고(禁錮)의 벌을 내릴 것이다. 이런 내용으로 감사와 수사에게 엄하게 신칙(申飭: 단단히 타일러 경계함)하라. 현임(現任) 수사의 죄가 심각해서 예사롭게 파직(罷職)하고 잡아다가 논죄(論罪)해 처리해선 안 되겠느니라. 그로 하여금 (근본적으로) 속죄할 방도를 강구하도록 하라."

이는 태안 전복의 진상품으로서의 명성과 함께 전복 생산과 납품 과정에서 이를 둘러싼 비리와 관리들의 갈취 및 폭력이 얼마나 심했는지 알 수 있는 대목이다. 전복 문제로 사람까지 죽인 사건도 있었다고 하니 그 폐해의 심각성을 가히 짐작할 수 있다.

● '종묘(宗廟)와 명당(明堂)'이라는 뜻으로 조정(朝廷) 또는 의정부(議政府)를 일컫는 말이다.
●● 조선 중기와 후기 의정부를 대신하여 국정 전반을 총괄한 실질적인 최고의 관청으로 '비국(備局)', '주사(籌司)'라고도 칭했다.
●●● 조선시대 각 군영(軍營)이나 감영(監營)에 딸린 관리 영리(營吏)와 공노비 영노(營奴)를 총칭하는 말이다.

03
구렁이가 파도를 잠재우는 용으로 승천한 용굴 설화

안흥항 입구에 있는 안흥성 산자락에 있는 용굴에 관한 설화이다. 이 용굴은 지역 사람들은 '용낭굴'이라고도 한다. 현재는 용굴 바로 앞에 안흥항으로 향하는 이차선 포장도로가 나 있어 스토리텔링에 장애가 되고 도로변이라 위험하여 제대로 된 복원이 필요해 보인다. 안흥성은 조선 효종 때 축성(築城)을 해야 한다는 김석견(金石堅)의 상소로 효종의 명에 따라 서해안 방어를 위해 19개 군민이 동원되어 효종 6년(1655)에 축조된 석성(石城)이다. '안흥진성(安興鎭城)'으로도 불리며 높이 3.5m, 둘레 1568m이다. 『태안군지』 등 지역의 문헌에 기록되어 있는 용굴에 관한 설화는 다음과 같다.

옛날 격렬비열도 인근 신진도에는 100년 묵은 구렁이가 살고 있었다. 이 구렁이는 바다를 다스리는 용이 되고 싶었다. 그러나 용이 되기 위해 도를 닦을 만한 장소가 없었다.

어느 날 구렁이는 산신령을 만나 자신의 처지를 털어놓았다.

"산신령님! 제가 100년을 살았는데, 용이 못 되고 이대로 죽기는 너무 억울하옵니다. 용이 꼭 되고 싶사옵니다. 용이 되려면 다시 10년간 도(道)를 닦아야 한다는데, 어디로 가서 도를 닦아야 하겠사옵니까? 어디가 좋을지 말씀하여 주옵소서."

그러자 산신령은 구렁이에게 도 닦을 장소를 알려주었다. 그러나 그냥은 안 되었다. 산신령은 구렁이에게 중요한 '조건'을 내걸었다. 그것은 바로 용이 되면 태안 안흥 앞바다의 격랑을 잠재우라는 것이었다. 해마다 거친 파도와 폭풍으로 많은 어부들의 목숨을 앗아가고 재물을 휩쓸어 가서 고통이 이만저만이 아니었기 때문이다.

"좋다! 내가 장소를 알려줄 테니 너는 나와 약조(約條)를 하자. 네가 도를 닦
아 용이 되면 풍랑이 잦아서 좌초(坐礁)하고 침몰하는 배가 많은 안흥 앞바다
의 격한 바람과 파도를 잠재워 줘야 하느니라. 꼭! 네가 그렇게 하겠다고 하면
내가 능히 도 닦을 장소를 알려주겠노라."

이에 구렁이는 반색하며 이렇게 답했다.

"좋습니다. 그런 일은 어렵지 않습니다. 제가 약속을 꼭 지키겠습니다."

그러자 산신령은 바로 마주 보이는 안흥성 아래 도를 닦기에 적합한 장소
가 있다며 터를 알려주었다.

"그곳, 그 굴에 가면 사방이 네 몸뚱이 길이와 똑같은 방이 있다. 너는 거기
에서 도를 닦아야 하느니라. 그러면 네가 원하는 용이 될 수 있으리라. 그러니
그 굴에 가서 너의 몸뚱이와 딱 맞는 굴을 찾아보거라."

구렁이는 즉시 그곳을 찾아가 무려 10년간 도를 닦았다. 그리고 마침내 용
이 되어 승천했다. 산신령과의 약속도 지켰다. 그래서인지 이때부터 안흥 앞바
다의 풍랑은 한결 잠잠해지고 난파선도 줄어들었다고 한다.

구렁이가 도를 닦아
승천한 '용굴'은 격렬비열
도로 향하는 출발지인 태
안군 근흥면 정죽리 안흥
항 입구 100m 지점인 안
흥성 밑의 포장된 도로
가에 있다. 굴의 길이는
30m가 넘으며 안에 구렁
이가 용이 되어 승천할

∎ 안흥항 입구의 용굴 ⓒ김정섭

때 뚫렸다고 전해오는 천장 구멍이 있다. 구체적으로 굴 입구의 높이는 6m 20cm,
폭은 위쪽이 1m 85cm, 아래쪽이 2m 25cm이다. 굴 안으로 2m쯤 들어가면 가로
4m 90cm, 세로 5m 40cm의 넓은 공간이 나오는데 이곳이 구렁이가 도를 닦은 곳
이라고 한다.

04

구절양장 서해의 수호신 '백룡'과 향토사단 '백룡부대'

예로부터 상상의 동물인 '용'*은 만물 생성의 근원으로서 황제와 자연스럽게 결부된 존재다. 그래서 황제(皇帝)를 표상하는 상징물이 되어 황제의 복식이나 그가 쓰는 용품인 어용물(御用物), 그 외의 각 기관이나 조직의 의장(儀仗)에 사용되었다. 이 가운데 '백룡(白龍)'은 몸체를 싸고 있는 비늘이 흰색이며 다양한 용 가운데서 하늘을 나는 속도가 가장 빠르다고 전해온다(구사노 다쿠미, 2001). 청룡(靑龍), 적룡(赤龍), 황룡(黃龍), 흑룡(黑龍) 등 다른 용들이 도무지 따라올 수 없는 날렵한 존재이며 그들과 맞서 싸울 경우 능히 상대를 제압할 지략과 능력을 갖추고 있다고 한다.

백룡은 가끔씩 물고기로 변신해서 바다나 물가에서 헤엄을 치기도 한다 하니 신출귀몰(神出鬼沒)하는 '변신술의 귀재'이기도 하다. 중국에서는 천계의 황제인 '천제(天帝)'를 모시는 사자(使者)'로 알려진 용이다. 에도시대 후기에 교쿠테 바킨(瀧澤馬琴)이 쓴 장편소설 『난소사토미핫켄덴(南總里見八犬傳)』에서는 백룡은 빛을 뿜고 파도를 일으키면서 남쪽으로 날아가며, 백룡이 뭔가를 토해내면 그것이 땅속으로 들어가 황금이 되었다고 묘사했다. 1983년 12월 일본에서 후카사쿠 긴지(深作欣二) 감독에 의해 판타지 영화 〈사토미핫켄덴(里見八犬傳)〉으로 만들어져 개봉되었다. 일본 에도시대 히라도의 번주(藩主: 영주)였던 마쓰라 기요시(松浦

●   명나라 호승지라는 사람이 쓴 『진주선(眞珠船)』에 따르면 용에게는 아홉 아들이 있다고 한다. 낳은 순서에 따라 비희(贔屓), 이문(螭吻), 포뢰(蒲牢), 폐안(狴犴), 도철(饕餮), 공하(蚣蝮), 애자(睚眦), 산예(狻猊), 초도(椒圖)라고 한다. 거북을 닮은 비희는 무거운 것을 잘 지어 비(碑)를 떠받치고 있고, 멀리 바라보기를 좋아하는 이문은 지붕 위에 장식한다. 울기를 좋아하는 포뢰는 종(鐘)의 고리에 앉아 있고, 폐안은 호랑이같이 생겨 옥문(獄門) 앞에 둔다. 탐욕스러워 먹기를 잘하는 도철은 솥뚜껑에 세웠고, 물을 좋아하는 공하는 다리 기둥에 세웠다. 죽이는 것을 좋아하는 애자는 칼자루에 새겼고, 연기나 불을 좋아하는 산예는 향로에 사자 모양으로 새겨 있다. 초도는 문을 닫고 잘 숨어서 문고리에 배치한다.

■ 서해를 지킨다는 전설의 백룡 ⓒ김정섭

淸山)가 1821년에 쓴 수필집 『갑자야화(甲子夜話)』 34권에도 매우 날렵하고 위용 있는 모습의 백룡이 등장한다.

목(木), 화(火), 토(土), 금(金), 수(水)라는 다섯 가지 존재를 통해 자연현상과 인간 세상사를 해석해서 설명하는 오행(五行) 사상에서 '흰색'은 서쪽을 의미한다. 음양오행설의 근간인 도교에서는 백룡을 인격을 가진 신으로 격상시켜 '서해백룡 왕오윤(王敖潤)'이라 부른다. 이 때문에 백룡은 백호와 같이 '서방(西方)을 수호하 는 신성한 용'으로 해석된다. 음양오행설과 결합된 용의 이미지와 관련해 중국 전 한시대의 역사가 사마천(司馬遷)이 쓴 『사기(史記)』에는 황(黃), 청(靑), 백(白), 적 (赤), 흑(黑)의 다섯 가지 전통 색인 오방색(五方色)의 상징으로서 황룡, 청룡, 적 룡, 현룡(흑룡), 백룡이 각각 등장한다.

한국콘텐츠진흥원이 운용하는 문화콘텐츠닷컴(http://www.culturecontent. com/)에 따르면 용은 무가(巫歌)에서 '동해 청룡왕', '서해 백룡왕', '남해 적룡왕', '북해 흑룡왕'으로 각각 관할 구역과 역할이 구분된다고 풀이하고 있다. 이를 통해 서도 광활한 중국 대륙과 맞닿은 서해를 지키는 용신이 바로 백룡임을 알 수 있다.

고대 문헌을 해석해 풀이한 『한국문화상징사전』(한국문화상징사전편찬위원 회, 1996), 『용(龍) 불멸의 신화』(윤열수, 1999), 『우리문화의 상징세계』(김종대, 2001) 등의 문헌에 따르면 각 용은 대자연의 무궁무진한 변화 양상을 상징적으로 표현한다. 백룡(白龍)은 약토(弱土)의 기를 모방한 것이며, 황룡은 황제(黃帝)가 흙 [土]의 덕을 얻고 만들었다. 황룡은 우왕(禹王)의 홍수 전설에서 우(禹)가 하(河)로 되고 바다[海]가 되고 호수(湖)가 되어 주유(周遊)할 수 있다는 치수(治水)의 공(功) 을 언급한 것으로 보아 토양의 기(氣)를 터득한 존재임을 나타낸다.

『주역(周易)』에서 청룡(靑龍)은 동방(東方: 동쪽)을 상징한다. 주나라의 제도 에 의하면 '청적황백흑(靑赤黃白黑)'의 오색은 '목화토금수(木火土金水)'에 상응하 는 하늘의 색이다. 따라서 청룡은 동방의 맑은 정기와 박력을 상징한다. 적룡(赤 龍)은 남방의 대지의 기(氣)를 모방한 것이고, 북방을 상징하는 현룡(玄龍)은 깊은 기(氣)와 현천(玄天)을 잘 다루어 600세에도 자녀를 낳는다고 전해진다. 6·25 전 쟁 때 납북된 한학자 유자후(柳子厚)가 쓴 『베개의 유래』(유자후, 2019)에서는 백 룡을 수놓아 만든 '백룡침(白龍枕)'이라는 베개가 나오는데, 조선 창건 초기에 백룡의 경사롭고 길한 징조가 있어 만들어진 것이라고 풀이하고 있어 조선왕조에서도 백룡이 길한 존재로 인식되었음을 알 수 있다.

오행 사상의 유래에 따라 서해 수호신이 백룡이라는 점을 반영해 태안이 포함된 충청남도 지역을 방어하는 육군 제2작전사령부 예하의 향토사단인 32사단은 '백룡부대(白龍部隊)'로 불린다. 이 사단의 예하 부대 가운데 2개 연대는 해안경계 부대로서 보령·서천·홍성·서산·태안·당진 지역

▌백룡부대(32사단) 기동대대가 사용 중인 백룡 마크

의 해안 경계를 담당하지만 내륙에 있는 부대는 대전광역시와 세종특별자치시 등의 기초 경계와 예비군 관리를 주로 맡고 있다. 심벌과 사단가(師團歌)의 노랫말에도 백룡이 들어가 있다. 서해를 지키는 수호신이 되겠다는 철통 방어의 정신을 사단 이름과 사단가에 구현한 것이다.

계룡산 정기 품고 일어선 우리/ 계백의 살신보국 이어나아 갈/ 구절양장 해안 방어 철옹성이다/ 죽음도 두렵지 않은 선봉의 용사/ 불타는 투지는 온 땅 끝까지/ 아아 백룡(白龍) 용사 삼십이 사단/ 육군에 제일 가는 삼십이 사단

8장

약초꾼 일행이 올라가 구조 요청을 한 북격렬비도에 가장 인접한 동격렬비도 봉우리 　Ⓒ태안군

44일간의 조난 사투,
12명 목숨을 지켜준 섬

01

전국이 경악한 1979년 동격렬비도 조난 대참사

바로 이 섬, 격렬비열도의 비사(秘史)에는 깜짝 놀랄 만한 '엄청난 사건'이 숨어 있다. 운이 나빴지만 결과적으로는 다행스럽고 휴머니즘을 자아내며 잘 마무리된 우리나라 초유의 무인도 최장기 조난 참사다. 안면도 주민 12명이 예정된 섬 생활 25일과 조난 기간 19일을 합쳐 혹한의 겨울에 무려 44일간 섬에서 살아남기 위해 고군분투한 사건●이다. '10 시그마(ten-sigma)'(Hand, 2014)●●라 칭해도 좋을, 발생할 확률이 극히 낮은 사건이었다. 당시 군경(軍警)은 등대수가 무인도에 사람들이 있다고 신고하자 처음에는 북한 간첩들이 침투했거나 중국인들이 불법 상륙한 것으로 오인해 대공 작전을 펼쳤다. 그러나 수색 결과 주민들이 약초를 캐러 갔다가 조난된 사건으로 일단락되었다.

서해 공해상에 인접한 격렬비열도는 난대식물의 최북한지로 난대식물과 온대식물이 함께 자라고 있으며 전호, 달래, 작약 등 약초가 풍부한 곳이다. 그래서 예전부터 인근 섬과 육지의 주민들이 위험을 무릅쓰고 거친 바다를 건너 약초를 캐러 다녀가는 일이 적잖았다. 조난 사건 당시 관할 해양경찰이 있던 전북 군산에서

●　동격렬비도 조난 사건은 약초를 캐러 간 마을 주민들이 조난이라고 인식한 지 19일 만에 구조된 국내 초유의 무인도 장기 고립 사고였다. 1967년 8월 22일 오후 3시 30분 광부 양창선 씨(당시 36세)는 국내 최대 금광인 충남 청양군 '구봉광산'에서 작업을 하던 중 지하 350m 수직 갱도가 갑자기 무너져 지하 125m 지점에 갇혔다가 15일 만에 구출됐다. 매몰 갱도에서 떨어지는 물방울로만 368시간을 버텼는데, 62kg이었던 양 씨의 몸무게는 45kg로 뼈와 가죽이 거의 달라붙은 상태였다. 무려 503명이 숨진 1995년 서울 서초구 삼풍백화점 붕괴 사고 현장에서 박승현 씨(여, 당시 19세)는 매몰된 지 17일(377시간 25분) 만에 구조되었다. 박 씨 외에도 20살 남성이 11일, 18살 여성이 13일 만에 각각 구조되었다. 2019년 7월 23일 충북 청주시의 한 야산에서 실종됐던 14세 여중생 조은누리는 사라진 지점에서 직선거리로 약 1.7km 떨어진 보은군 회인면 신문리의 한 야산 계곡 근처에서 10일 만에 군 수색대에 의해 구조되었다.

●●　원래 정규분포에서 평균보다 10배 이상 차이가 나는 표준편차 값을 말하는데, 일반적으로 우연히 '길을 걸어가다가 벼락을 맞을 확률'과 같은 의미다.

섬까지의 거리가 서북쪽으로 108.8km나 떨어져 있어서 12노트의 속도로 달렸어도 예닐곱 시간이 걸렸다. 태안 안홍항이나 모항에서는 배로 5시간쯤 걸렸다. 남북 1.3km, 동서 0.5km의 바위섬으로 격렬비열도 주요 3개 섬 가운데 이 섬에만 습지대가 있어 바위틈에서 물이 조금 나와 약초꾼들에게 인기가 있었다.

사건의 처음과 끝은 이렇다. 1978년 12월 23일 충남 청양군 대치면 대곡리에 사는 약초상 이정호 씨(당시 50세)는 재혼한 아내 김효순 씨(당시 55세)와 함께 태안 모항에 도착했다. 이후 평소에 하던 대로 인근 마을 사람들을 수소문해 하루에 2000원씩 일당을 주기로 하고 충남 태안군(당시 서산군) 남면과 안면면(안면도) 주민 중에서 동격렬비도로 약초를 캐러 갈 십수 명의 일꾼을 모집했다. 이에 박광일 씨(당시 37세) 등 10명을 모집할 수 있었다. 그렇지 않아도 생활이 팍팍한 농어촌에서, 전혀 일거리가 없는 겨울철 농한기를 맞아 작은 돈이라도 벌 요량으로 다들 팔을 걷어붙였다.

이들 12명은 1978년 12월 25일 크리스마스에 서해의 동격렬비도로 약초를 캐러 갔다. 그러나 일을 마치고 태우러 오기로 약속한 날 배가 오지 않는 바람에 무려 44일간이나 섬에 갇혀야 했다. 천막에서 사투하던 그들은 모닥불 신호로 "살려달라" 외치고, 식량을 아끼며 해초와 조개로 겨우 연명했다. 다행히도 인근 북격렬비도 등대수가 망원경을 통해 우연히 모닥불 연기를 보고 무전으로 해경에 연락함으로써 전원이 구조되면서 이 조난 사건은 일단락되었다. 이들은 온다던 배가 나타나지 않고 소식이 끊긴 이후 19일 동안 극도의 불안과 배고픔을 견디며 버틴 끝

▌ 약초가 많고 바람이 적어 일행이 숙영지로 삼은 동격렬비도 남쪽 구릉 지역 ⓒ김정섭

에 수염이 얼굴을 덮고 피골이 상접한 초췌한 모습으로 발견되어 무사히 가족 품에 안겼다.

이들은 조난 생활 내내 극도의 불안, 배고픔, 추위, 고립감뿐 아니라 머지않아 식량이 바닥나 죽을지도 모를 것이라는 집단적 공포와 히스테리 같은 '집단 감정 전염(mass psychogenic illness)'에 시달렸다. 하루, 이틀, 사흘, 나흘, 열흘, 보름, ······ 열아홉 날. 불안과 고통의 시간을 참고 견뎌내어 44일 만에 한 명도 죽지 않고 구조되었다. 발견 당시 겉옷은 헤어지고 내복은 가리가리 찢긴 모습이었다.

그날 1978년 12월 23일부터 시간 순서에 따라 사건을 재현해 보자.

동격렬비도는 오래전부터 충청도 한약 약초상들이 탐내던 섬이었다. 1978년 12월 23일 약초상 이정호 씨와 그의 아내 김효순은 수소문 끝에 일꾼 10명을 구했다. 그중에는 이번에 한몫 잡아 음력설(구정)에 식구들에게 새 옷을 장만해 주려 마음먹은 사람도 있었다. 그리하여 12월 25일 오전 10시, 이정호 씨와 아내를 포함해 12명이 미리 준비해 둔 4.8톤급 소형 동력선 광천호(선장 박성기, 당시 26세)를 타고 태안군 소원면 모항리 모항에서 55km 떨어진 동격렬비도로 출발했다. 이날은 마침 격렬비열도가 '국립해상공원'으로 승격된 지 만 1년이 되는 날이었지만, 그들은 이런 사실을 몰랐다. 20여 일쯤 일할 생각으로 쌀 90kg들이 5가마와 보리쌀 1가마, 천막 두 장을 배에 실었다. 태안읍 모항리를 출발한 배는 4시간을 달려 당일 오후 2시쯤 섬에 도착했다.

엄연히 주인이 있는 섬인 동격렬비도에 몰래 들어간 이유는 그곳에 한약재인 전호, 방풍, 달래 등이 많고, 격렬비열도 주요 3개 중 유일하게 습지가 있고 바위 틈에서 민물이 나와 식수로 받아먹을 수 있기 때문이다. 특히 약초상 이 씨의 말에 따르면 그는 이 섬에 7년째 드나들었는데, 1977년에는 섬 주인을 만나 30만 원을 주고 약초 채취 독점권을 얻었다고 한다. 섬에 드나들면서 3년 전에 몰래 씨를 뿌려놓은 전호, 방풍, 달래 등을 거둬 오려고 한 것이다(≪조선일보≫, 1979.2.9). 약초꾼들은 섬에 도착하자마자 식량, 천막, 장비를 옮겼다. 바람이 약한 섬 중턱 해발 129m 산기슭 후미진 곳에 터를 잡아 10인용 천막 2개를 치고 바위를 평평하게 다졌다. 밥을 지을 구들장을 만든 뒤 본격적으로 약초 캐기에 나섰다. 이들은 매일 아침 6시에 일어나 오후 5시까지 섬 등성이와 계곡을 샅샅이 뒤지며, 감기 치료제

의 원료로 쓰여 값이 제법 나가는 전호와 달래 등을 채취했다.

하루는 갑작스럽게 폭설이 내려 숙영지 주변이 온통 눈밭으로 변했다. 풍랑이 거센 날도 매우 많았다. 새벽에 눈이 내려 잠에서 모조리 깬 날도 있었다. 약초를 캐는 작업은 겨울철이라 매우 고역스러웠지만 일정에 맞춰 식량을 가지고 온 터라 그나마 안심이 되었다. 일행은 함께 어울려 음식을 하여 나눠 먹고 오순도순 정담도 나누며 즐거운 분위기 속에서 약초를 캤다. 이들은 섬에서 1979년 첫날을 맞이했다.

약초상 이 씨의 계속된 재촉에 일꾼들은 보조를 맞춰 순탄히 작업을 해나갔다. 그렇게 스무날 넘게 일을 하다 보니 날이 어떻게 갔는지도 알 수가 없었다. 그러던 어느 날 김효순 씨가 "오늘이 데리러 오기로 약속한 날인 것 같은데 배가 안 와요!"라고 말했다. 일꾼들은 "설마요?"라며 애써 안심하는 듯했다. 그날은 섬에 도착한 지 25일째인 1979년 1월 18일이었다. 일행은 김효순 씨의 말을 내심 마음에 두면서 이날 하루 종일 기다렸다. 그러나 이들을 태우러 오기로 했던 3.6톤급 해성호[선주는 박청일(당시 42세), 선장은 심생천(당시 41세)]가 섬에 나타나지 않았다.

뱃삯을 미리 받은 선주 박청일 씨조차 아무 소식이 없었다. 휴대폰이 없었던 시절이니 배가 나타나지 않으면 연락할 방법이 없었다. 배고픔과 함께 초조함, 불안감, 공포가 엄습했다. 그러나 약초꾼들은 "내일이면 오겠지" 하고 애써 위로하며 기다렸다. 이때부터 자연스럽게 약초 캐기는 중단되었다. 조난 생활로 전환된 것이다. 약초꾼 일행은 오직 배가 오기만 기다렸다. 그러나 하루, 이틀, 사흘, 나

홀, 닷새 ……. 여러 날이 지나자 설마설마했던 사람들이 크게 당황하며 걱정하는 기색이 역력해졌다. 멀리 지나가는 배가 보였지만, 섬을 그냥 지나쳤다. 급기야 신기루를 보는 약초꾼까지 생겼다.

시간이 흘러도 배는 올 기미가 없었다. 배가 왜 안 오는지 말 심부름을 오는 배조차 없었다. 약초꾼들도 그제야 섬에 갇힌 신세가 되었다는 것을 제대로 인식했다. 초조와 불안이 극에 달하자 일행은 비상사태를 선포했다. 이정호 씨는 제일 먼저 남은 먹거리를 점검했다. 적은 양의 쌀과 바닥을 드러낸 찬거리가 다였다. 식사를 한 끼로 줄이고, 들 이끼와 해초를 뜯어 삶아 반찬을 대신했다. 구조 요청 행동도 본격적으로 시작했다.

시간이 흐를수록 초조감과 불안감이 깊어졌다. 이들은 구조될 날만을 기다리며 해발 192m인 섬 꼭대기에 올라가 매일 불을 피워 연기를 올렸다. 하늘에 기도하고, 부처님을 부르며 소원을 빌었지만 아무 소용이 없었다. 섬 정상에 흰 러닝셔츠를 매달아 깃발을 세우고, 하얀 옷을 흔들었다. 그러고는 "살려 주세요!"라고 호소하듯 외쳤다. 섬에서 가장 가까이 있는, 북격렬비도 등대를 향해 계속 소리를 질렀다.

"어이~ 어이!, 사람 살려주세요! 거기 누구 없어요?"

그러나 허공의 메아리였다. 밤에는 너무 추워 납작한 바위들을 여럿이서 들어다가 방처럼 평평하게 만들었다. 그러고는 바닥에 구들장처럼 홈을 파서 불을 지펴 덥힌 다음 교대로 누우며 몸을 녹였다. 매일 밤 세 명씩 교대로 불침번을 섰다. 불침번은 지나가는 배들이 발견하도록 모닥불을 피우고 횃불을 만들어 섬 전체를 돌았다. 그 무렵 일대 해상에는 높이 3~5m의 파도가 밀려오고 강풍이 몰아쳤다. 일행의 바람과 달리 지나가는 배조차 보이지 않았다. 모닥불, 횃불은 켜자마자 바람에 휩쓸려 꺼졌다. 금방이라도 일행을 휩쓸어 버릴 듯 파도와 바람이 거셌다. 폭설까지 내려 적막강산(寂寞江山)에 사면초가(四面楚歌)였다.

출발할 때 갖고 간 식량은 1979년 1월 하순이 되자 거의 바닥이 났다. 태산 같은 걱정 속에 1979년 1월 28일 음력설을 맞이했다. 물론 명절 분위기를 느낄 수 없었다. 눈을 감으면 온통 집 생각, 가족 생각, 눈을 뜨면 추위를 이길 생각밖에 없었다. 절망과 허탈, 허기가 한꺼번에 밀려왔다. 이들은 언제까지 버텨야 할지, 언제 구조될지 기약 없는 상황에 머리를 맞댔다. 지금보다 더 식량을 아끼기로 약속했다. 젊은이들을 중심으로 섬 주위를 뒤졌다. 해초, 홍합 등 조개류, 산무, 칡뿌리 등 먹을 수 있는 것이면 채취해 굶주린 배를 채웠다. 바위틈에서 가늘게 흘러나와 절벽으로 떨어지는 물을 물통에 받아 식수로 썼다. 먹을 물도 모자란 판에 몸을 씻거나 빨래는 전혀 생각할 수 없었다.

생존자 김동익 씨는 2019년 6월 11일 연구자와 인터뷰에서 "당시 제가 20살이었어요. 동격렬비도는 절벽 한 켠 바위틈에서 물이 흘러나와 실처럼 나무줄기를 타고 아래로 떨어지는 것을 물통으로 받아서 먹는 구조예요. 40m 높이의 절벽 바위가 있어요, 밧줄을 타고 내려가 그 물을 받아다가 먹으면서 연명(延命)했었습니다"라고 절박했던 당시 상황을 회상했다.

이들은 조난을 인지하자 식량을 아끼기 위해 아침, 점심, 저녁 가운데 점심을 걸렀다. 그러다 조난이 장기화되자 아예 한 끼로 줄였다. 그마저도 쌀을 조금 넣어 끓인 죽이나 삶은 해초를 먹었다.

1월 30일에는 섬에 폭설이 내렸다. 거처에서 나갈 수도 없었다. 이들은 몸을 맞대고 체온을 유지하며 천막 안에서 버텼다. 한쪽 천막이 무너져 내려 모두 화들짝 놀랐다. 젊은 사람들이 나서 천막을 보수했지만 이전과 같이 복구할 수는 없었다. 식량은 바닥나고 숙소도 무너지고, 배는 오지 않고, 불을 피우고 소리를 질러도 답이 없어 벼랑 끝에 선 심정이었다.

"가만히 앉아 있다 다 죽느니 뭐라도 해봅시다. 어서 움직입시다."

이들은 이때부터 더 결사적으로 구조 요청을 하기로 했다. 몇몇은 봉우리에 올라가 모닥불을 피웠다. 되도록 멀리서도 볼 수 있게 생솔가지와 송진이 끈적끈적 엉긴 관솔을 태워 짙은 연기를 냈다. 다른 몇몇은 비닐종이와 마대를 한데 엮어 만든 깃발을 만들어 종종 흔들며 산꼭대기에 꽂아놓았다. 결국 일행 모두는 가장 높은 곳에 올라가 일시에 "살려주세요! 살려주세요!"라고 연신 고함을 치기도 했다.

산에 올라가 북격렬비도 등대 쪽을 향해 구조를 바라며 수차 격하게 몸짓했다. 그러나 아무런 반응이 없었다. 감감무소식에 절망과 피로가 극에 달했다. 하나둘 씩 지쳐 쓰러져 갔다. 1979년 2월 3일 오전에는 반갑게도 약 6km 앞을 지나는 외항선을 발견했다. 있는 힘을 다해 고함을 치며 구조를 요청했다. 그러나 배는 알아차리지 못하고 무심하게도 섬을 지나쳐버렸다. 2월 4일부터는 모두가 다시 힘을 냈다. 매일 모두가 산꼭대기에 올라 밤낮 가릴 것 없이 모닥불을 피웠다. 등대 쪽을 향해 마대로 만든 깃발을 흔들며 목이 터지도록 외쳤다.

"저기요, 이보세요!"
"어이, 사람 살려요, 사람 살려요!"

그러나 여전히 반응은 없었다.

2월 7일. 다소 원기를 추스른 뒤 오전 5시부터 산에 올라 연기를 피웠다. 연장자들은 기력을 소진해 젊은이 몇 명만 올라가 모닥불을 피우고 깃발을 흔들어댔다. 그러던 중 동격렬비도에서 0.8마일(약 1.3km) 떨어진 북격렬비도에서 그곳의 등대장 박완서 씨(당시 58세, 전북 군산시 해망동 1000)가 망원경으로 주위를 돌아보다가 이들을 발견했다. 태안과 인접한 홍성에서 큰 지진이 일어난 지 불과 몇 시간 후였다.[•] 조난자들에게는 매우 극적인 상황이었다. 그러나 모락모락 올라오는 연기를 본 등대장은 상황이 심상치 않음을 직감했다. '필시 간첩일 거야'라고 생각했다. 몇 년 전 격렬비열도 인근에 간첩선이 침투해 격침된 사건을 떠올린 것이다.

등대수는 보고 체계에 따라 안흥어업무선국에 무전을 쳐 신고했다. 이에 안흥어업무선국은 다시 서산경찰서와 군산해경에 알렸고, 서산경찰서는 충남도경에, 충남도경은 다시 치안본부(현재 경찰청)에, 치안본부는 다시 청와대에 속속 보고했다. 군과 중앙정보부(현재 국정원)는 물론이고 언론에도 금세 전파되어 전국이 한바탕 난리였다. 정부 당국도 처음에는 간첩이 침투했거나 중국인들이 밀입국한

• 《동아일보》 1979년 2월 9일 자, 2월 13일 자, 2월 25일 자에 따르면 충남 홍성 지역은 1978년 10월 7일 지진 이후 1979년 2월 24일 지진까지 무려 여섯 차례 지진이 발생했다.

것으로 판단해 대공 작전을 펼쳤다. 모항의 입출항을 모두 통제하고 군경 함정을 인근 해역에 출동시켜 사격할 태세도 갖췄다. 이어 헬기가 섬을 낮은 고도로 비행하며 섬에 있는 사람들의 무장 여부와 행동 특성 등을 정찰했다.

마침내 민간인들의 구조 요청임을 확인한 치안본부는 해경 정비정을 급파해 구조 작전을 펼치도록 군산해경에 명령했다. 이런 조치는 군과 공안당국이 정찰을 통해 상황을 판단했기에 가능했다. 섬의 사람들을 간첩으로 오인했다면 크나큰 참사가 일어날 수도 있었다.

조난당한 약초꾼 일행이 자신들의 구조 요청을 누군가가 알아차렸다고 인지한 것은 헬기가 섬 상공을 정찰하면서부터다. 2월 7일 오후 2시 30분, 너무나 반가운 비행기(헬기) 소리가 들렸다(≪조선일보≫, 1979.2.9). 헬기는 섬 상공을 여러 차례 돌았다. 일행은 그 장면을 보고 모두 일어나 "이제 살았구나" 하면서 만세를 불렀다. 추운 날씨도 잊은 채 윗옷을 벗어 하늘을 향해 흔들었다. 그 기세는 당시 기사에서 "미친 듯이"라고 표현했을 정도다.

그러나 약초꾼들의 바람과 달리 헬기는 얼마 뒤 섬을 떠나버렸다. 너무나 실망이 컸다. 무슨 연유인지 도무지 알 수 없었다. 일행이 "우리들을 구조하는 것을 포기한 것인가?"라며 걱정에 휩싸여 있을 때 멀리서 작은 불빛이 보였다. 몇 시간 뒤 칠흑 같은 어둠을 뚫고 탐조등을 켜고 급속도로 동격렬비도를 향해 달려오는 배 소리를 들을 수 있었다. 해경 경비정이 약초꾼 일행을 구조하러 온 것이다.

약초꾼 일행을 발견한 등대장 박 씨는 38세 때 속초에서 처음 등대수를 시작해 20년간 바다를 지킨 바다의 산 증인이다. 그 후 목포, 포항의 구룡포 등지에서 등대수 생활을 해왔다. 1964년 1월, 구룡포 장기 앞 등대에서 삼천포 소속 어선 1척이 속초에서 고기잡이를 마치고 구룡포 방면으로 항해하다가 풍랑으로 배가 부서졌다. 선원 일곱 명이 헤엄쳐 육지로 올라오자 이들을 데려와 일주일 동안 등대에서 치료해 건강히 돌려보낸 경험이 있었다. 북격렬비도에는 네 명의 등대수가 2교대로 근무하고 있었는데 당시 박 씨는 이들 등대수의 총책임자였다.

섬에 왔던 헬기는 군 정찰 헬기였다. 군과 공안당국은 헬기가 섬을 수색하고 사람들의 동태를 파악한 정보를 종합 판단해 '대공 혐의점이 없음'을 알고 구조 명령을 내렸다. 이에 출동 명령을 받은 전북 군산해경 소속 경비정이 이날 오후 1시

175

군산항을 출항하게 된 것이다. 당시에는 인근 서산군(당시 태안이 속했던 행정구역)에 해경이 없었기에 전북 군산항에 있는 군산해경이 해당 해역을 관할 중이었다. 군산해경은 경비정을 급파했다. 이로써 2월 7일 오후 6시 10분 해경정이 동격렬비도에 도착해 추위와 굶주림에 지친 약초꾼들을 찾아내 전격 구조했다.

해경 경비정이 섬에 도착해 구조하는 과정도 순탄치 않았다. 경비정은 처음 섬에 도착했을 때부터 풍랑이 너무 심해 섬에 접안하지 못했다. 경비정은 3m 이상의 높은 파도와 초속 12m의 거센 바람 때문에 한 시간 동안이나 접안에 실패했다. 이에 섬 주위를 세 바퀴나 순회하며 마땅한 접지를 찾고 사람들의 흔적을 발견하려 했다. 그러나 효과가 없었다. 급기야 경비정이 사이렌을 울렸다. 그다음 확성기를 통해 "거기 사람이 있으면 나오세요!"라고 소리치자 산꼭대기에서 일행 가운데 두 명이 나와 옷을 흔들었다. 이들의 모습이 경비정장 고순하 경위(당시 40세)의 쌍안경에 잡혔다.

해경 구조 대원 20여 명은 경비정에 싣고 왔던 작은 보트를 바다에 띄웠다. 그러고는 로프를 던져 섬과 연결해 상륙한 다음 한 사람씩 끌어안고 보트에 태워 경비정에 옮겨 실었다. 약초꾼 12명을 모두 확인해 경비정으로 무사히 탑승시킨 것이다. 일행들은 기운이 빠져 비틀거렸고, 걸음은 힘이 없었다. 겨울인지라 목욕은커녕 세수도 제대로 할 수 없었던 나날, 남자들은 야생에서 오랫동안 살거나 버려진 사람처럼 수염이 길게 자랐다. 몸에서 악취도 진동하고 때가 찌든 모습이었다. 깃발을 만들어 흔드느라 속옷이 없거나 겉옷이 찢긴 사람도 있었다. 김효순은 거의 넋이 나간 모습이었다. 해경 경찰관이 한 명 한 명 부축해 보트에 태워 경비정에 옮겨 싣자 이들은 눈물을 쏟아냈다.

"12명 전원 구조!"

출항 직전 경비정 지휘관이 타전한 보고 내용이다. 약초꾼 일행은 물론이고 해경 대원들에게도 쾌거의 순간이었다. 해경 경비정은 이들을 태우고 2월 7일 오후 7시 동격렬비도를 출발해 군산항으로 향했다. 이어 6시간 10분간의 긴 항해 끝에 8일 한밤중인 오전 1시 10분에 부두에 도착했다. 약초꾼들은 굶주림과 피로에

■ 북격렬비도 등대(왼쪽)에서 동격렬비도(오른쪽)는 멀리 측면(가오리를 닮은 모습이라 '가오리덕', '가오리섬' 으로도 불림)만 보인다. ⓒ 김정섭

지쳐 매우 초췌한 모습이었다. 그러나 살아 돌아왔다는 안도감은 감출 수 없었다. 군산항 부두에는 신문사, 방송사의 기자들이 떼로 몰려 있었다. 기자들이 요청하자 거리낌 없이 힘껏 "대한민국 만세!"를 부르며 배에서 내렸다. 이들이 귀환하는 모습은 기자들의 카메라에 고스란히 잡히거나 찍혀 방송으로, 신문으로 전국에 보도되었다. 이정호 씨의 아내 김효순 씨는 너무 쇠약해져 부축을 받으며 내릴 정도였다.

당시 모든 신문 보도에 따르면 구조자들은 김기영(당시 33세, 서산군 안면면 행언리 3구), 장광천(당시 37세, 서산군 안면면 행언리 3구), 이정호(당시 55세, 충남 청양군 대치면 대곡리 23), 김효순(당시 55세, 이정호 씨 아내), 박광일(당시 37세, 서산군 안면면 승언리 136), 정백남(당시 27세, 서산군 안면면 정당리 62), 신재훈(당시 50세, 서산군 안면면 승언리 1300), 가한노(당시 19세, 서산군 남면 양잠리 481), 가열로(당시 20세, 서산군 남면 양잠리 481), 박영민(당시 16세, 서산군 안면면 정당리 1구 467), 문용섭(당시 19세, 서산군 안면면 승언리 1구 149), 김동익(당시 20세, 서산군 안면면 정당리 608) 씨다.

구조된 주민 장광천 씨(안면면 승언리)는 당시 인터뷰에서 "우리는 꼭 죽는 줄로만 알았어요. 식량이 떨어져 가서 행여 들쥐라도 잡히면 잡아먹으면서 어떻게든 목숨을 부지하려고 했지요. 지나가던 배도 없어 산에 올라가 목이 터지도록 북격렬비도 등대를 향해 고함을 쳤습니다. "사람 살려요, 사람 살려요!' 이렇게 목 놓아 부르짖었지만 메아리가 없었습니다. 정말 살고 싶었어요"라고 말했다.

이들은 전라북도 군산항에 도착하자마자 곧바로 미리 대기하고 있던 3대의 앰뷸런스에 실려 군산시 도립군산병원으로 가서 간단한 건강검진을 받았다. 이후 그동안 굶주림과 피로를 회복한 뒤 2월 8일 오전 10시 서산경찰서에서 상세한 조사를 받고 귀가했다. 귀항 예정일을 넘겼는데도 조치를 취하지 못한 담당 경찰관도 조사를 받았다(≪한국일보≫, 1979.2.9).

목숨을 지키기 위한 이들의 사투는 위기의 순간에도 합심하여 대처하고 서로를 배려한 인간미가 깃들어 있어 더욱 가치 있게 느껴졌다. 일례로 불안감을 해소하기 위해 나이 든 어른들이 여자들과 젊은이들을 달랬다. 장기 고립과 조난을 우려해 식량을 극도로 아껴 섭취하는 기지를 발휘했다. 구조 당시에 1말 반가량 쌀을 남겼을 정도다. 휴머니즘이 짙게 배인 장면이었다. 비닐봉지 속에는 그간 채집한 한약재 전호 50관과 달래 40관(시가 50만 원어치)이 가득 담겨 있었다. 이들은 8일 낮부터 병원에서 퇴원해 가족이 있는 태안으로 돌아갔다.

이 사건을 접한 충남도경은 당시 인솔자인 약초상에게 6만 원의 선금을 받고 배를 운항하지 않아 하마터면 12명의 목숨을 앗아갈 뻔한, 중대한 조난 사고를 야기한 해성호(5톤급) 선주 박청일 씨를 엄중 처벌토록 관할 서산경찰서에 지시했다.

수사 결과 선주 박 씨는 1978년 12월 25일 약초상에게 6만 원의 선금을 받고 1979년 1월 18일까지 동격렬비도(가오리덕, 가오리섬)에 배를 대주기로 약속했다. 그러나 박 씨는 석연치 않은 이유로 약속한 날 섬에 태우러 가는 것을 하루 이틀 미뤘다. 정말 어처구니없는 일이었다. 그러다가 결국 완전히 망각한 채 1978년 12월 28일 자기 배를 인근 주민 서봉창 씨(당시 38세)에게 팔아버렸다(≪동아일보≫, 1979.2.10). 그 후 전남 여수로 새 배를 사러 갔다가 당시까지 돌아오지 않아 이런 엄청난 사고가 생긴 것이다.

충남도경은 모든 배가 입출항할 때는 어선 신고소와 지서에 입출항 신고를 하게 되어 있는데도 12명의 주민들을 싣고 떠났던 광천호가 법을 어기고 출항 신고를 하지 않고 떠났음을 밝혀냈다. 따라서 선장 김석곤 씨(당시 30세)를 불러 출항 경위를 캐는 한편, 어선에 대한 입출항 신고를 강화하도록 관할 서산경찰서에 지

▌ 조난 사고를 다룬 ≪경향신문≫ 사회면 톱기사와 구조되어 군산항에 들어온 약초꾼들

179

시했다. 이에 따라 서산경찰서는 1979년 2월 8일 3만 5000원을 받고 도선업 허가도 받지 않은 배를 이용해 어선 신고소에 출항 신고도 하지 않고 주민 12명을 동격렬비도에 실어다 준 김석곤 씨를 '도선업단속법' 위반 및 '수산업법' 위반 등의 혐의로 구속했다(≪경향신문≫, 1979.2.10).

이어 2월 10일에는 선금을 받고 약속한 날에 배를 보내지 않아 주민 12명을 19일간 섬에 고립되도록 한 해성호 선주 겸 선장 박청일 씨(당시 42세, 서산군 소원면 모항리)를 전남 고흥군 도천면 지족도(배섬)에서 붙잡아 '사기 및 도선업단속법' 위반 혐의로 입건한 뒤 구속했다(≪경향신문≫, 1979.2.10; ≪중앙일보≫, 1979.2.13). 또 인솔자인 약초상 이정호 씨를 2월 8일부터 4일간 조사한 끝에 '임산물단속법' 위반 및 '산림보호법' 위반 등의 혐의로 2월 12일 구속했다.

조난 사건 수사 과정에서 어처구니없는 '무인도 조난 조작극' 논란이 발생했다. '조난 조작극 주장'은 충남도경 간부의 과잉 행동과 일방적 주장으로 촉발되었다. 파문이 컸던 사건인지라 청와대 등 권부와 상급 기관의 정서를 고려해 처벌 의도가 지나치게 강했던 충남도경이 정확한 거증도 없이 너무 앞서나가면서 비롯된 것이다. 경찰 지휘 라인과 경찰관들이 다치는 것을 막아보자는 의도도 작용한 것으로 보인다. 이런 논란은 2월 10일 오후 3시 고준병 충남도경 수사국장이 긴급 기자회견을 자청하면서 시작되었다.

당시 ≪중앙일보≫는 고 수사국장의 브리핑 내용을 인용해 "동격렬비도 약초 채취꾼 조난 당시 등대장 박완서 씨 밑에서 일하던 등대수 지희만 씨(45)가 경찰에 보낸 구조 요청은 지 씨와 약초상 이정호 씨(55)가 사전에 짠 각본에 따라 빨리 귀항하기 위한 조작극으로 밝혀져 약초상 이 씨와 등대수 지 씨를 위계에 의한 공무집행 방해 혐의로 입건했다"라고 보도했다(박병석, 1979). 수월한 귀항을 위한 조난 조작극이라는 것이다.

자칫 등대수들의 미담 보도가 범죄로 바뀔 분기점이었다. ≪중앙일보≫는 같은 기사에서 "이 씨와 지 씨는 평소 친분이 두터운 사이로 이 씨가 약초 채취를 위해 출발하기 10일 전인 지난해(1978) 12월 15일 충남 서산군(현재 태안군) 안흥항 부근의 음식점 '속초집'에서 만나 1월 18일 이후에 연기로 신호를 보내면 평소 아는 선주에게 전보를 쳐서 배를 보내주도록 하는데 적극 협조키로 약속했다"고 설명했다.

고 수사국장은 브리핑에서 이에 대한 증거로 등대수 지 씨가 안흥우체국을 통해 각각 해성호 선주 박청일 씨와 '제비 3호'의 선주 김대옥 씨에게 보낸 전보 내용 전문 두 건을 제시했다. 지 씨가 2월 5일 이 씨 일행이 연기를 피우는 것을 확인하고 약속대로 등대에 설치된 무선전화를 통해 박청일 씨에게 "배 지금 도착·가오리섬·이경호"라는 암호 전보를 쳤다는 것이다. 그러나 박 씨가 선박 구입차 전남 여수로 떠나 답이 없자 2월 7일 다시 연기가 피어오르는 것을 보고 같은 내용의 전보를 쳤으나 심한 풍랑으로 출항하지 않았다는 것이다.

고 수사국장은 이들이 두 차례 전보를 쳤음에도 배가 오지 않자, 지 씨가 안흥우체국에 "정체를 알 수 없는 사람들이 동격렬비도에서 긴급 구원을 요청하고 있으니 경찰에 알려달라"라는 내용의 전보 신고를 접수하여 조난 사건인 것처럼 경찰을 속이고 난리 법석을 떨며 해경의 경비정을 돌아가는 배편으로 이용하려 했다는 설명이었다.

그러나 약초상 등 사건 당사자들과 이들에 대한 직접 수사를 맡은 충남도경 산하 서산경찰서는 이를 즉각 부인했다. 상급 수사기관과 하급 수사기관의 의견이 서로 맞서는 웃지 못할 일이 벌어진 것이다. 지 씨는 "전보 내용은 1978년 1월 18일 이후 만약을 대비한 후속 구조 요청의 일환일 뿐"이라고 반박했으며, 서산경찰서는 "우리가 수사한 결과 충남도경의 발표를 입증할 어떤 증거도 나오지 않았다"라고 밝혔다(≪동아일보≫, 1979.2.12).

아울러 약초꾼 인솔자인 이정호 씨는 "사전에 등대수와 짜고 조난극을 펴서 이로울 것이 무엇이냐? 동격렬비도로 가기 전에 등대수 지희만 씨와 만나 만약의 경우에 대비, 무전을 쳐달라는 부탁을 했지만 조난 가장극을 벌이자고 말한 적은 없다"고 말하며 '귀항하기 위해 등대수와 사전에 짠 계략'이라는 충남도경의 발표를 이해할 수 없다고 말했다(≪경향신문≫, 1979.2.12).

이 씨와 지 씨는 ≪동아일보≫ 기자와 군산에서 각각 만나 "우리는 평소 잘 알고 지내는 사이로 출항 전날인 12월 24일 안흥항 술집에서 우연히 만나 25일 약초를 캐러 동격렬비도에 간다는 말을 나눴을 뿐 그 밖의 어떤 약속도 한 바 없다"고 덧붙였다(≪동아일보≫, 1979.2.12). 만난 날짜도 틀린 것이다. 나아가 지 씨는 경찰의 무사안일한 대처를 꼬집었다.

지 씨는 "군산해운항만관리청에서 2월 4일 오전에 안흥지서에 '봉화 이상·김대옥 씨 제비3호를 가오리섬(동격렬비도 별칭)으로 보내줄 것'이라는 내용의 무선을 타전했음에도 서산경찰서 안흥지서는 무려 3일 동안 아무런 조치를 취하지 않았고, 겨우 2월 7일 오전 9시에서야 안흥지서 주임과 다시 통화가 됨으로써 그제서야 배가 왔다"라고 진술했다(박병석, 1979).

약초꾼 일행은 충남도경이 주민들이 신고 없이 격렬비열도를 향해 출항했다고 밝힌 점에 대해서도 반박했다. 이정호 씨와 약초꾼 일행은 "출항 전인 1978년 12월 19일 소원지서에 들러 출항 신고를 하려 하자 소원지서의 경관이 주민등록증과 선적 카드를 가져오라면서 반려해 12월 23일 약초꾼 아홉 명의 주민등록증 등을 갖고 가서 바람이 없는 날 출항할 것이며, 타고 갈 배는 해성호이며, 목적지는 동격렬비도라고 분명히 신고했다"라고 말했다(≪경향신문≫, 1979.2.12).

충남도경의 성급함과 과잉 대응은 당시 크게 비판을 받았다. ≪동아일보≫는 "'무인도 조난' 발표 아리송, '약초꾼, 등대수 사전약속 조작극' 도경 발표에 일선 서에서는 '증거 없다'"라는 제하의 기사에서 "충남도경의 발표는 성급하다는 지적과 함께 의구심마저 사고 있다"라고 비판했다. 그러면서 "(이 씨와 지 씨가) 신호를 하면 배를 보내주겠다고 사전 계획을 짰다는 증거도 없고, (상부에서) 공무집행 방해로 수사하라는 지시를 받거나 그런 혐의로 조사를 한 일이 없다"라는 서산경찰서 관계자의 말을 덧붙였다(≪동아일보≫, 1979.2.12).

≪경향신문≫은 "경찰 '무인도 조난은 사전 계략', 주민 '유사시 무전 부탁했을 뿐'"이라는 제목의 기사를 통해 "경찰이 아직도 사고의 성격을 규정짓지 못한 채 혼선을 되풀이하고 있다"라고 꼬집었다. 이런 논란이 발생하자 수사 지휘 주체인 대전지검 서산지청(지청장 김용환)은 무인도 조난 경위에 대해 검찰이 직접 수사하겠다고 밝혔다.

수사 당국은 최종적으로 약초상 이 씨에 대해서는 약초를 캐면서 낙엽을 채취하여 밥을 짓고 솥을 걸기 위해 바위 등 자연을 훼손했다며 '산림법' 위반 혐의만 적용해 구속했다. '위계에 의한 공무집행 방해 혐의'는 벗어났다. 등대수 지 씨는 입건하지 않았다. 이에 대해 충남도경은 "지 씨는 이 씨와 (귀항 편 배가 오지 않은 날 이후에 대해 미리) 짜고 조난 구조 요청을 한 것은 사실이나 등대수로서 지 씨의 지금까지의 공적과 배가 오지 않을 경우 조난자에게 닥칠지도 모를 위험 등을 고려해 입건을 보류한 것"이라고 옹색하게 해명했다(≪중앙일보≫, 1979.2.13).

이 사건으로 후진적인 선박 입출항 통제 시스템이 드러나면서 경찰관들도 징계의 후폭풍을 피해가지 못했다. 충남도경은 2월 15일 이 사건에서 입출항 통제를 제대로 하지 못한 책임을 물어 서산경찰서의 경비과장 이성화 경감, 소원지서 이덕연 경위, 안흥지서 명헌정 경사 등 다섯 명의 경찰관에게 견책 등의 징계 조치를 각각 내리고 이 경감과 이 경위를 각각 충남 조치원경찰서와 공주경찰서로 문책성 전보를 발령했다(≪경향신문≫, 1979.2.16).

사건 발생한 지 41년이 지난 2019년 6월 11일 필자가 태안 현지를 찾아 마을을 돌며 선주 박청일 씨와 선장 김석곤 씨의 행적을 인내심을 갖고 줄기차게 수소문한 결과 박 씨는 2년 전 불의의 사고로 작고했으며, 김 씨는 모항 부두에서 가게를 하며 소박하게 살고 있었다. 그러나 당시의 미안함과 죄책감 때문에 김 씨는 내내 신경증(neurosis)에 시달려 인터뷰를 하고 싶지 않다고 손사래를 쳤다. 김 씨의 아내는 "우리 부부는 그때의 트라우마 때문에 격렬비열도의 '격' 자도 꺼내기 싫다"라고 말했다. 마을 사람들은 "김 씨는 심성이 착하고 내성적인 성향을 보여온 분"이라며 "심리 전문가들을 모셔서 정리되지 않은 옛 상처의 기억에 대한 치유를 해주고 부디 밝게 살도록 이끌어주었으면 좋겠다"라고 당부했다.

이 사건에 대한 조치 상황을 좀 더 명확히 파악하기 위해 필자는 '공공기관의 정보공개에 관한 법률'에 따라 해양경찰청, 국방부 등에 정보 공개를 청구하여 답변을 받아냈다. 해양경찰청은 당시 관할이었던 산하 군산해양경찰서를 통해 작성한 답변서(해양경찰청 군산해양경찰서, 2019)를 통해 "격렬비열도 조난 사건은 약 40여 년 전의 일이라 2019.11.8. 국가기록원 정보공개 청구 관련 자료 협조 공문 발송, 2019.11.15. 국가기록원공문 회신, 1979년 기록물 표지 및 색인 목록 가운데 1979년 2월 격렬비열도 조난 사건 관련 내용은 확인되지 않음"이라는 통보를 받았다. 42년이나 지난 너무 오래된 사건이라 자료가 파기되거나 찾기 어려운 이유로 청구한 정보에 답변을 하기 어렵다는 회신이었다.

군산해양경찰서는 그러면서 "당시 사건 이후 해경의 어선 및 출항 관리지침이 보완되어 관련 규정인 '선박 안전 조업규칙' 제15조(출항·입항 신고)가 대폭 강화 되었다"고 밝혔다. 군산해양경찰서는 구체적으로 "어선, 여객선, 기타 선박의 출입 항 신고소에 대한 신고 의무와 출입항 신고소 공무원의 구비 서류(선원 명부, 선적 증서, 선박국적증서, 어업허가증, 선박무선국허가장, 어업무선국가입증 등) 확인 절차 를 강화한 내용을 담아 1980년 3월을 포함 2017년 4월 17일까지 14차례나 개정되 었다"라고 덧붙였다.

국방부도 정보공개청구 답변서(국방부 해군본부, 2019)에서 "서해 격렬비열도 조난 사건 당시 군의 사건 처리 내용에 대하여 우리 해군역사기록관리단에는 관련 자료가 존재하지 않는다"라고 밝혔다.

02
조난 사건 42년 후 당시 생존자 발굴 인터뷰

격렬비열도 조난 사고 당시 생생한 44일간의 사투기를 듣고 사건의 팩트를 재확인하기 위해 필자는 당시 생존 귀환자 김동익(金東益) 씨를 오랫동안 어렵사리 탐문하고 수소문해 인터뷰에 성공했다. 40년이 지난 사건의 주인공을 찾는 것 자체가 문화재나 유적을 발굴하는 듯한 고역이었다. 김 씨는 1957년생(호적은 1959년생)으로 2020년 현재 62세이며, 현재 건설·조경업에 종사 중이다. 42년 전 사고 당시에는 넉넉지 않은 어머니의 살림을 도우려 섬에 삯을 받고 일하러 간 효심이 깊은 스무 살 청년이었다. 인터뷰는 2019년 6월 28일 김 씨가 거주하는 서울 성북구 상월곡동 자택 인근 카페에서 이뤄졌다.

▌당시 동격렬비도 조난 사건을 어떻게 기억하고 있나요?

너무 끔찍하고 충격적인 사건이라 저만 혼자 40년 넘게 기억 속에 간직했습니다. 그간 오래 살아오면서도 아내와 아들, 딸에게는 일절 말한 적이 없습니다. 그것은 사실 제 인생에서 아름다운 사건도 아니기에 가족들에게 충격을 주면 안 되겠다고 생각했지요. 사실 저한테 연구자인 교수님이 어느 날 갑자기 인터뷰 요청을 하여 많이 당황했습니다. 그간 완전히 잊고 지낸 일이니까요……. 거의 잊힌 40년이 훨씬 지난 일이라서요. 최근

▌조난 사건 당시를 술회하는 김동익 씨 ⓒ김정섭

저는 교수님과 인터뷰하려는 계획을 말하며 아내한테 털어놓았더니, 아내가 정말 소스라치게 놀랐더군요. 당신의 인생에 "그런 비밀이 있었느냐?"구요.

▌ 당시 동격렬비도에 어떤 사유로 약초를 캐러 가게 되었나요?

우리 마을 태안군 안면읍 정당리는 당시 100가
구 정도가 모여 살았죠. 우리 마을 사람들은 이전부
터 약초를 캐러 그 섬에 배를 타고 많이 갔습니다.
우리 집이랑 앞뒤로 붙어 있는 집의 동생인 박영민
(당시 16세)을 통해 동격렬비도에 약초 캐러 가는 부
업이 있다는 것을 알게 되었죠. 영민이는 그 전에도
섬에 약초 캐러 가는 일꾼으로 많이 다녀온 듯 했었
어요. 그땐 다들 농어촌은 살기 어려운 환경이었죠.
겨울에 일이 없어서 영민이가 가자고 하여 용돈이

▌ 조난 사건 발생 4년 후 시골집에
서 찍은 사진 ⓒ김동익

나 벌 생각으로 간 거예요. 지금으로 말하면 '쏠쏠한 부업'이나 '알바'인 셈이죠.

▌ 당시 약초 캐러 갈 일꾼들 모집은 누가 했나요?

동네에 한약 약초상을 하는 청양의 아저씨(이정호, 당시 50세)가 자주 와서 일
하러 갈 사람들을 모집해 데려가곤 했지요. 그 약초상은 한약을 다루다 보니 그냥
'약사'로 불렸는데, 체구가 호리호리하고 앞니가 빠져 있었으며, 담배를 입에 달고
살았습니다. 약초상은 마을에 자주 오가면서 알게 되었는지, 누구의 소개로 만났
는지 우리 동네 사는 홀로 된 아주머니와 재혼을 했지요. 부인이 나이가 너덧 살
많았는데 서로 금실이 좋았던 것으로 기억해요.

▌ 섬으로 출발하는 날은 상황이 어땠습니까?

약초상이 태안에서 약초를 캐러 갈 일꾼을 모집하여 진용을 갖춘 것은 출발
15일 전쯤 끝났어요. 그리고 출발 전 크리스마스이브에 태안 모항항에 모두 모여
하룻밤을 잤어요. 부둣가 근처에서 할머니가 운용하는 음식점이었어요. 방도 있
고 맛난 음식도 내놓는 그런 집이었죠. 약초상 부부(이정호, 김효순)와 아들 정모
씨, 그리고 일꾼 아홉 명을 포함해 모두 12명이 섬으로 간 거죠. 약초상 부부가 쌀,
김치를 비롯해 길게는 25일 정도 머물 먹거리를 준비했죠. 뱃길 중간에 가의도에
들어가 천막과 장비를 실었던 것으로 기억해요. 모항에서 섬으로 가는 동안 기상

악화로 뱃길은 파고가 유달리 높아 저는 뱃멀미까지 했죠. 불길한 예감도 있었죠. 정말 이렇게 먼 바다로 가다가 누군가 맹장이라도 터지면 이송과 수술 그런 거는 어떻게 하나 하는 걱정이 밀려왔어요. 사실 어머니가 "가지 말라"고 말렸는데 간 거죠.

▌어머니의 당부는 구체적으로 무엇이었나요?

저는 형제자매가 4남 3녀였죠. 형님과 누님들이 일찍 인천, 서울 등 객지로 나가고 저와 제 동생만 마을에서 어머니랑 같이 살면서 농사를 지었습니다. 어머니의 자식 사랑이 애틋했고 저도 성실한 아들이었어요. 어머니는 "위험하니 가지 말라"고 여러 번 말했는데 저는 효도하고 싶어서 간 거예요. "섬에 가면 몸조심해라. 물도 깊고 파도도 세니 정말 조심해야 된다"는 말도 여러 번 하셨죠. 너무 살림이 다들 어려울 때였으니까요. 아버지는 제가 초등 1학년 때 돌아가셨죠. 큰형은 노름과 술을 좋아하셔서, 제가 더 정신 바짝 차리고 시골에서 어머니를 돌봐야 했죠. 어머니가 6년 전 95세를 일기로 돌아가셨는데, 당시 자식을 아끼고 걱정하며 하신 말씀이 뚜렷하게 기억이 납니다.

▌섬에 처음 도착한 느낌은 어떠했나요?

1978년 12월 25일 오후, 처음 동격렬비도에 도착했죠. 그런데 예상과 달리 섬이 너무 아름다웠습니다. 기암괴석은 물론 사람의 손이 닿지 않은 숨겨진 숲이 정말 장관이었습니다. 너무 아름다워 넋이 나갈 정도였죠. 등대가 있는 북격렬비도와 마주하고 있는 북쪽은 날씨가 더욱 춥고 메마르고 토질도 안 좋아 억새풀만 가득했어요. 그런데 그 반대쪽은 땅이 너무 좋고 기후가 너무 아늑했습니다. 겨울인데도 안온해 동백꽃이 피어 있었고 반짝거리며 빛을 내는 사철나무 군락이 왕성했습니다. 오랫동안 쌓인 낙엽이 썩어서 만들어진 부엽토(腐葉土)가 풍성해 약초도 매우 많았습니다. 밤하늘 별빛도 매우 찬란하고 아름다웠습니다. 같은 섬임에도 위치에 따라 느낌이 이렇게 색달랐어요.

❚ 섬에 도착해 가장 먼저 한 일은 무엇인가요?

12명이 힘을 모아 북격렬비도 반대쪽, 그러니까 동격렬비도의 남동쪽 아늑한 곳에 천막으로 막사 2개 동을 지었어요. 큰 바윗돌을 가져다가 부엌과 식당도 만들었어요. 온돌식으로 널찍한 돌을 가열해 그 열기로 채집한 약초를 말리는 약초 건조실도 만들었죠. 섬 곳곳에 해풍으로 죽은 나무가 많이 있어 땔감은 풍부했습니다. 밥을 짓는 일은 약초상 부인이 주로 했죠. 저희 일꾼들은 나머지 잔일을 하고 약초 캐는 일에 나섰죠. 잠자는 막사 한 곳은 약초상 부부가 주로 이용하고 나머지 1개는 일꾼들이 주로 이용했습니다.

❚ 약초 캐는 작업은 어떻게 진행되었나요?

섬에 전호, 우슬, 달래, 더덕 등 중요한 한약재들이 매우 많았어요. 섬에 도착한 다음 날부터 작업복을 입고 목장갑 끼고 호미보다 날카로운 갈고리를 가지고 다니면서 약초를 캤습니다. 오전 9시부터 5시까지 매일 그렇게 일했어요. 말라깽이 아저씨였던 약초상은 욕심이 많았어요. 그래서 각자에게 마대를 나눠 주면서 의무로 달성해야 할 작업량을 딱히 정한 것은 아니었지만, 누가 더 많은 약초를 캐오는지 저희 일꾼들을 경쟁시키기도 했죠. 형님들이 "저 약초상의 욕심에 다 맞출 수 없으며 그렇게 하다 보면 무리해서 건강을 해치니 너무 많이 일하지 말라"고 했어요. 나머지 시간은 막사에 와서 쉬거나 섬을 산책하는 일을 했지요. 누군가 라디오를 가져왔기에 그것을 틀어놓고 음악 방송을 들은 기억도 나요. 이렇게 20여 일이 흘렀는데 그때까지는 꽤 낭만적이었죠. 이후에 일어날 일도 모르고 말이죠.

❚ 언제부터 '이거 큰일 났다'고 느끼기 시작했나요?

약초 캐는 작업은 길어야 25일간으로 예정되어 있었는데, 배가 우리를 실으러 오기로 약속한 날 배가 섬에 안 오는 거예요. 첫날은 기상 악화 때문일까, 혹시 안보의 사각지대로 간첩선이 자주 출몰한 이 섬 지역이 운항 통제되어 배가 오지 않는 것일까? 그런 걱정을 하면서 안도하기도 했습니다. 그런데 2~3일이 지나자 불안감이 엄습해 왔습니다. 그런 불안감은 집단적인 패닉으로 점차 확산되어 갔습니다. 저를 비롯한 일꾼들이 거기서 '약사 아저씨'라고 부른 약초상에게 "도대체 어떻게 된 일이냐?"고 따지기 시작했어요. 특히 성격이 다혈질인 장광천 형님(당시 37세)이 화가 많이 나서 격하게 부딪치며 싸우기도 했지요. 그때부터 우리 일꾼들은 모든 작업을 거부하고 어떻게 살아나갈까만 걱정하게 되었습니다.

▌약초상과 일꾼들의 갈등도 도드라졌겠어요?

장광천 형님이 약초상 아저씨와 제일 많이 다퉜어요. 우리를 대표해 리더로 나선 거죠. 광천 형님이 성깔이 보통이 아니었어요. "왜 배가 여태껏 안 들어오냐?" 며 매일 따지며 다퉜어요. 능글맞거나 느긋한 충청도 남자의 말투는 찾아볼 수 없었죠. 둘이 멱살 잡고 싸울 뻔도 했어요. 약초상 아저씨는 이 말 저 말로 둘러대다가 결국에는 말도 못 하고 다른 쪽에 가서 담배만 물고 연기를 날리면서 어찌할 줄을 몰랐어요. 그분은 골초였어요. 생과 사의 순간에서 그런 다툼이나 갈등은 당연한 것이었지요. 그래도 사람들이 착해서 덜 싸운 거라고 봐요.

▌목숨을 건 사투(死鬪)는 어떻게 진행되었나요?

배가 오기로 한 날이 2~3일 지나자 모두 결의를 했어요. 약초 캐는 작업을 전면 중지했어요. 약초상 부부와 아들, 그리고 장광천 형님, 그리고 그와 나이가 같은 박광일 형님이 중심이 된 우리 일꾼들은 언제까지 계속될지 모르는 기약 없는 조난 생활을 두려워하며 식량을 아끼기 위해 1일 1식만 하기로 하고 아침과 저녁을 먹지 않았어요. 우린 공동운명체였기 때문에 그 원칙을 철저하게 지켰어요. 점심만 먹은 거죠. 모조리 산을 뒤지며 마, 칡, 산무를 캐고, 절벽 아래 바닷가로 내려가 홍합, 소라, 조개 등을 따서 가져와 함께 나눠 먹으며 연명을 했습니다. 당시 언론에서는 우리가 섬에서 배가 너무 고프고 먹을 것을 구하기 어려운 나머지 "쥐를 잡아먹고 버텼다"는 얘기도 있었지만 그것은 사실이 아닙니다.

▌조난당했다는 구조 행동은 언제부터 했나요?

1979년 1월 23일쯤부터 산에 올라가 필사적으로 구조 신호를 보냈어요. 약초를 캐는 작업은 더 이상 하지 않았기에 온통 살 궁리만 했죠. 장관천, 박광일 형님이 리더가 되어 모두 이끌고 산꼭대기로 가서 옷을 벗어 흔들고 불을 피우면서 소리도 질렀지요. 우리의 함성과 외침은 젖 먹던 힘까지 다 쏟아냈기에 필사적, 그 자체였습니다. 그런데 놀랍게도 주변에서 아무런 반응이 없었어요. 지나가는 배도 종종 있었지만 알아차리지 못한 것 같았습니다. 그래서 절망과 두려움이 컸고 내내 말로 표현하기 힘든 공포가 엄습했습니다. 하지만 그렇게 구조되는 날까지 계속 그런 작업을 했습니다.

▌ 오랫동안 버티려면 식수 조달도 심각한 문제였을 텐데요.

사람이 바닷물을 먹고는 버틸 수 없죠. 그래서 40m 높이의 암벽을 밧줄 타고 내려가 암벽 바위틈에서 한 방울씩 아래로 흘러 떨어지는 물을 고무통으로 모아 받아 가져와서 먹고는 했습니다. 일꾼 가운데 10대와 20대가 도맡아 2인 1개조로 물을 공급하는 일을 했습니다. 고무통 2개가 있어서 아침에 가져다 놓고 저녁에 물이 차면 가져오는 식으로 교대로 가져다가 먹었습니다. 물을 받아오려고 절벽을 오르내리면서 미끄러져 다친 사람도 있죠. 손과 얼굴 닦는 것은 바닷물을 떠다가 했습니다. 수염은 덥수룩하게 자라 턱을 거의 덮었죠. 겨울인 데다가 살아남을 궁리에 바빠 목욕을 일절 하지 못했습니다.

▌ 다른 데보다 더욱 추운 서해안이라 추위를 이기는 게 만만치 않았을 건데요.

네, 그렇습니다. 두꺼운 옷과 이불을 가지고 갔지만 불안감과 배고픔이 겹치면서 밤을 지새우기가 너무 고통스러웠습니다. 밑에 두꺼운 옷을 깔아도 추위가 올라와 등이 얼어붙고 세찬 바닷바람이 파고들어 살을 에는 듯했습니다. 섬에 폭설도 세 차례 정도 내렸는데, 추워서 정말 견디기 어려웠어요. 자다가 악몽을 꾸고 일어난 적도 하루 이틀이 아니었습니다. 바람에 영향을 받는 희미한 남포등*이 우리의 운명처럼 보이기도 했죠. 상비약도 준비해 간 것은 급체를 대비한 정도에 지나지 않아 약의 종류나 분량이 변변치 않았어요.

● '남포등'은 서양의 램프(lamp)와 등을 합쳐 우리 식으로 발음해 부른 것으로, 우리나라 각 마을에 전기가 들어오기 전까지 호롱불과 함께 많이 사용했다. 석유를 넣고 유리제 등피로 덮은 그릇의 심지에 불을 붙인 등으로. 이동 시에 사용이 가능하며 다른 말로 '양등(洋燈)'이라고도 한다.

▌섬에 갇혀 44일을 버티면서 무엇이 가장 힘들었나요?

두려움, 추위, 배고픔의 삼각파도로 인해 미칠 지경이었어요. 제가 그때 20살이잖아요. 한창때이고 건장한 청년이라 한창 먹을 때인데, 그중에서도 '1일 1식'하면서 제대로 먹지 못하고 지낸다는 게 가장 고통스러웠어요. 위장에 위산이 많이 나와 위벽을 깎아내는 쓰라림 아시죠? 그나마 1식인 점심도 양을 확 줄인 거라서요. 그때의 배고픔은 너무 힘든 거였고 일반 사람들이라면 상상하기 어려운 것이었어요. 그래서 바닷가에 나가 소라나 홍합을 잡아오면 솥에 끓여서 허기진 나머지 게걸스럽게 먹은 것 같아요. 장기간 조난 생활이 계속되면서 너무 배고팠으니까요.

▌불안감, 고립감, 공포 등 정신적인 어려움을 어떻게 극복했나요?

섬에 일하러 갔던 마을 사람들이 위기를 맞아 마음을 하나로 모으고 차분하게 대응한 게 생존의 비결이었던 것 같습니다. 광천·광일 형님의 리더십도 빛이 났고요. 그간 착하고 성실하게 산 것을 평가해 하늘이 더 살아보라고 봐준 것 같아요. 개인적으로 저는 이웃 동생인 박영민 때문에 정신적 어려움을 버틸 수 있었습니다. 영민이는 이 섬에 세 번 이상 다녀온 것 같았기에 더 의젓했어요. 저랑 이런저런 얘기를 하면서 밤을 보냈죠. 구조의 손길을 기다리며 밤에 북극성과 북두칠성을 보면서 함께 기도했죠. 영민이는 아버지가 6·25 때 전상을 입어 다리가 잘려나가 어렵게 살아서 더욱 마음이 가는 동생, 챙겨주고 싶은 동생이었어요.

▌드디어 구조되는 날은 어떤 일이 벌어졌나요?

그날 제가 기억하기로는 오후 2시쯤 섬 주변에 군 헬기 2대가 떠서 저공비행을 하면서 정찰을 했죠. 그래서 일행이 모두 잘 보이는 언덕으로 나와서 손을 마구 흔들었습니다. 드디어 우리를 구조해 줄 것으로 믿었죠. 안심이 되었죠. 그런데 헬기가 착륙하지 않고 그냥 가버려서 다시 걱정을 했습니다. 그리고 몇 시간 뒤 오매불망한 끝에 해경정이 섬에 도착했어요. 해경정은 접안이 어려웠는지 섬을 몇 바퀴나 빙빙 돌았어요. 결국 접안이 어려워 해경 경비정에 딸린 보트를 보내 몇 사람씩 태워서 이동시켜 섬에서 조금 떨어져 떠 있던 모함(母艦)인 경비정에 모두 태웠죠. 이때 해경 경비정에서는 지휘관이 메가폰을 들고 "몸만 빨리 나오세요. 짐은 모두 놔두시고요"라고 안내 방송을 했습니다. 나이 드신 분들은 힘들고 굶주려서 특히 몸을 잘 가누지 못했습니다.

▍ 군 헬기가 와서 저공비행하면서 섬을 샅샅이 수색했다는데요?

해경정에 탔는데 지휘관이 영문도 모르는 우리들에게 무서운 말을 하기 시작했어요. "당신들 때문에 온통 나라가 뒤집혔어요, 알아요? 대통령, 청와대도 알고 군, 경찰에 온통 비상이 걸렸어요. 여러분 모두 징역살이할 것 같아요!"라고 말했죠. 처음 등대지기가 발견해 신고했을 때 낯선 사람들이 무인도에 많이 있으니 당연히 간첩신고가 되었던 것이죠. 우리를 북한 간첩으로 봤기에 난리가 난 것입니다. 나중에 배에 탄 다른 사람이 달래가면서 안심을 시켜줘서 안도가 되었죠. 군산항으로 돌아오는 저녁 뱃길이 정말 꿈인지 생시인지 믿기지 않았습니다. 새벽 1시가 넘어 결국 군산항에 도착했습니다. 기자들이 포즈를 취해달라고 해서 모두 '만세'를 불렀습니다.

▍ 간첩으로 오인되어 사살될 위기를 넘긴 소감은 어떠신가요?

나중에 육지에 돌아오고 난 후에야 우리가 조난당한 일이 정말 어마어마한 사건임을 알았죠. 격렬비열도 인근은 무장간첩선이 자주 출몰해 교전이 벌어지기도 한 곳이라서 대공 경각심이 큰 곳이었죠. 그때 잘못되었으면, 무인도에 침투한 북한 간첩들로 오인해 사살(射殺)될 뻔했다는 것을 알았어요. 정말 천만다행이었습니다. 당시 섬을 정밀 수색, 정찰한 후 정확히 판단하여 대처해 준 군과 해경 그리고 국가에 감사할 따름입니다. 지나가던 배들도 우리를 봤다면 당연히 간첩 신고를 했었을 시절입니다. 지금 와서 생각해 보면 우리를 발견한 북격렬비도의 등대수도 간첩으로 의심했을 것이 당연하다는 생각이 들었습니다.

▍ 구조된 후 어떤 일이 벌어졌나요?

조난 사건은 신문과 방송에 온통 도배될 만큼 무척 떠들썩한 사건이었나 보더라고요. 군산항에 도착하니 기자들이 부두에 많이 나와 있었고 연신 카메라 플레

시를 터뜨렸어요. 기자들은 섬에서 조난을 당한 경위는 물론, 보다 극적인 요소를 찾기 위해 "배가 고파서 들쥐를 잡아먹고 버텼다는데, 사실입니까?", "식량이 바닥이 났다는데, 어떻게 뭘 먹고 지냈습니까?", "그 외딴섬에서 혹한과 폭설을 어떻게 이겨냈습니까?" 따위의 질문을 쏟아냈어요. 어떤 기자는 화장실 안까지 따라와 달라붙으며 집요하게 질문을 하더군요. 우리는 간단한 조사를 받고 일상으로 복귀했죠. 그런데 텔레비전 뉴스를 봤다며 위로하려고, 서울에 사는 사촌 형이 내려오기도 했어요. 당시에 이 사건이 대서특필된 신문을 가져다가 주기도 했지요. 저더러 보라고요. 사건이 알려진 후 전국에서 아가씨들은 물론 학생, 어른들까지 저희들한테 "인간 승리의 주역들"이라면서 위로하고 격려하는 편지를 보내오기도 했어요.

▌당시 이 사건은 직접 수사한 서산경찰서와 달리, 충남도경이 약초상과 등대수가 짜고 벌인 '조난 조작극'이라는 중간 수사 발표를 해 혼란이 있었는데요?

언뜻 기억이 납니다. 당시 그런 말이 있었어요. 그러나 결국 그건 사실이 아닌 것으로 밝혀진 것으로 기억합니다. 제가 섬에서 조난 생활을 하고 구조 신호를 보내는 과정에서 경찰의 주장처럼 약초상이 누구랑 꾸민 '거짓 조난극'이라는 것은 전혀 느끼지 못했습니다. 일행이 모두 약초상을 곁에서 감시하듯 지켜봤는데 그런 낌새는 전혀 없었어요. 저와 약초꾼 일행은 갑작스러운 조난에 초조함과 불안감을 안고 배고픔과 추위를 이기며, 서로 위로하고 달래며 오랜 시간을 버티면서 불을 피우고 옷을 벗어 흔들며 애타게 구조 신호를 보냈던 것입니다. 아무도 예상하지 못한 실제 상황이었죠. 사실과 무관한 억측이죠. 아마도 당시 충남도경이 그렇게 중간 수사 결과 발표를 할 수밖에 없었던 속사정이 있었겠죠.

▌돌아오니 어머니가 어떻게 대해 주시던가요?

효도하고자 하는 마음으로 섬으로 일하러 떠났는데 더 큰 불효를 한 것 같아 마음이 무거웠습니다. 어머니는 아들 소식을 거의 잊고 지냈다고 합니다. 구조 당일 텔레비전 뉴스를 보시고 순간 깜짝 놀랐지만 바로 안도했다고 하셨습니다. 집에 무사히 돌아온 홀쭉해진 아들을 보고 너무 안쓰러웠는지 맛있는 음식을 많이 해주셨습니다. 고생했다고 떡도 한 판 해주셔서 여럿이 맛있게 먹었습니다. 덕분에 때 아닌 떡 잔치를 한 거죠. 어머니의 마음이 그런가 봅니다.

▌약속을 안 지켜 조난 사고를 야기한 선주는 어떻게 되었나요?

저희들을 태우러 섬에 오기로 한 것을 완전히 잊어버렸나 봐요. 약속한 날 당시에 말이죠. 우리를 데리러 오기로 한 배를 팔고 전남 여수로 가서 다른 배를 사기로 한 것을 보니 참 이해가 안 되었어요. 우리가 구조된 후 그 선주는 경찰은 물론 관계 기관의 조사를 받았다고 하는데, 당시 표현으로 불온분자인 양 "사상이 의심스럽다"는 등의 추궁을 받았다고 하더군요. 그렇게 대공 혐의점이 있는 것처럼 오해를 받으며 조사를 받는 등 여러 가지 고초를 겪었다고 들었어요. 저도 그랬는데, 선주나 선장, 섬에 일하러 간 다른 사람들도 한동안 악몽을 꾸고 잠을 설치는 등 극심한 트라우마에 시달렸을 것입니다. 정신적으로 오죽 힘들었겠습니까?

▌이 사건 이후 바뀐 인생철학은 무엇인가요?

항상 부지런하고 성실하게 살자는 것이 나의 인생 목표이자 좌우명입니다. 그런데 그 사건 이후 '약속'과 '등대'의 중요성을 더욱 절감하게 되었어요. 종교도 갖게 되었고요. 사람이 한 약속은 꼭 지켜야 하는 것이고, 등대는 평소에는 그 중요성을 모르지만 어둡고 황량한 밤바다에서 길 안내 역할을 하잖아요. 그 의미를 되새기면서 정말 중요하다는 것을 깨달았어요. 특히 등대는 사람에게는 인생의 길잡이 같은 것이잖아요. 누구나 자랄 때는 등대 같은 사람이 필요하고, 다 성장해서는 후배들에게 등대 같은 역할을 하며 체득한 지혜를 물려줘야죠. 바로 이런 이치를 배운 것입니다. 제가 안면도 사람이라 겁 없이 바다와 낚시를 좋아하는데, 그 사건 이후 물이란 참 위험한 것이기에 조심해야 한다는 생각도 하게 되었어요.

▌성장기 생활 터전이었던 태안 안면도는 언제 떠났습니까?

군에서 전역한 후 바로 인천으로 올라와서 일을 했어요. 그때가 23, 24세쯤이죠. 그다음 서울로 와서 새로운 일을 시작했어요. 서울 상월곡동에 정착을 했고 건설과 연계된 조경업을 시작했죠. 현재 조경 전문가로서 조경 회사에 소속되어 서울과 수도권 지역에서 건설 중인 아파트 단지의 조경 공사를 전담하고 있어요. 사람들이 행복하고 쾌적하게 살도록 좋은 나무와 자재로 화단이나 작은 숲을 꾸미고 공원을 만드는 일을 해요. 보람이 있는 일입니다. 이런 일을 한 지 벌써 12년째입니다, 하하하.

▌그렇다면 김동익 씨에게 격렬비열도는 어떤 존재인가요?

격렬비열도, 그 가운데 특히 동격렬비도는 저를 구해준 섬인 데다 고향 앞바다에 있는 섬이라 애정이 더욱 각별합니다. 어린 시절 일하러 동격렬비도에 가서 좋은 경험을 했고, 그 이후에도 인생을 살면서 많은 '생각의 씨앗'을 제공해 준 섬입니다. 저를 포함해서 무려 12명의 귀한 목숨을 살려서 무사히 집으로 보내준 고마운 섬이 아닙니까? 너무 감사하고 또 감사하죠. 지금도 늘 감사하고 있는 대상입니다. 등대가 있었던 북격렬비도도 매우 고맙게 생각하고 있습니다. 그 등대에 등대수가 있었고, 그분이 저희를 발견해 준 것이죠. 서격렬비도는 우리나라 최서단 영토라서 무엇보다 소중하게 느껴지고요. 이 섬들이 각기 다른 의미를 주면서 저에게 또 하나의 인생을 살게 해준 것입니다. 조만간 기회를 마련해 다시 꼭 가보고 싶습니다. 그 섬이 이제는 무척 그립습니다.

▌앞으로 격렬비열도가 어떻게 발전되기를 희망하십니까?

영토주권 수호의 측면에서 중요한 것은 말할 것도 없고요. 동백꽃, 사철나무, 후박나무 등으로 어우러진 숲이 있는 동격렬비도를 비롯해 격렬비열도 모든 섬은 육상, 수상의 생태 가치가 뛰어나고 경관 또한 빼어납니다. 깨끗한 공기와 맑은 바다는 국내 최고의 청정지대임을 말해줍니다. 밤하늘의 선명한 별들도 낭만을 자아내기에 충분합니다. 반짝거림이 찬란하기도 하고 영롱하기도 합니다. 그렇게 귀하고 소중한데 말이죠, 서해 한구석에 감춰놓고 새들만 보며 누리라고 하기엔 너무 아까운 섬입니다. 배가 들어갈 항구를 만들고 아름다운 경관과 생태를 함께 즐길 수 있는 독보적인 관광지로 거듭났으면 합니다.

03

사건 당시 현장 목격자와 취재기자 발굴 인터뷰

◆ 당시 목격자 김귀동 씨(당시 낚싯배 선장)

조난 사건 당시 만 30세 청년으로서 태안 모항에
서 낚싯배를 운용하고 있던 김귀동 씨(71세)는 모항
에서 사건 처리 과정을 내내 지켜본 인물이다. 그의
회고를 들으면 당시 군경이 이 사건을 어떻게 판단하
고 대응했는지 알 수 있다. 김 씨는 현재 안흥항에서
낚시 손님과 관광객을 유람선에 태워 수송하거나, 관
광을 시켜주는 보트를 운용하는 사업체 '21세기관광
유람선' 대표로 일하고 있다.

▌당시 대공 작전 목격자로서 조
난 사건을 회고하는 김귀동 씨

　2019년 6월 11일 태안 모항 현지에서 김 대표와
인터뷰를 진행했다.

▌1978~1979년 조난 사건 당시 무엇을 목격하셨나요?

저는 당시 낚싯배를 운용하고 있었습니다. 북섬(북격렬비도)에서 등대지기에
의해 동섬(동격렬비도)에 연기가 나고 사람들이 있다는 신고를 받은 날 군경이 중
국인 불법 입국 사건 또는 북한 간첩 침투 사건으로 의심해 모항에 선박 출항 금지
령을 내렸죠. 그러고는 주민이나 배가 일체 이동하지 못하도록 했습니다. 군대 선
박, 해경정이 출동해 합동작전을 펼쳤죠. 정보기관 관계자도 항구에 와서 상황을
파악하고 있었습니다.

▌또 어떤 상황이 있었습니까?

당시에는 그 사건을 '대공(對共) 사건'으로 본 것 같아요. 군경의 조치가 있기 전, 그러니까 모항이 통제되기 직전 나는 낚시 손님들을 가의도에 태워다 주러 배를 몰고 가는데 평소와 달리 부두에 경찰관이 직접 미리 나와서 기다리고 있다가 검문검색을 했습니다. 당시 기억이 생생한데요, 경찰관이 매우 긴장한 모습이었죠. 가의도에 지서는 없고 경찰관 한 명이 상주하는데, 그날은 매우 특별한 수색이라는 느낌이 들었죠. 이후 모항에 돌아오자마자 모항이 배 1척도 움직이지 못하게 전면 통제되었습니다.

▌낚싯객들 가운데는 '매우 특별한 분들'이었다면서요?

네, 맞습니다. 군에서 예편한 지 얼마 안 된 60대 중후반 남자 다섯 명이 낚시를 와서 격렬비열도로 가는 길목에 있는 가의도에 실어다 드렸어요. 그들은 가의도에서 잠을 잤어요. 말투, 대화 내용, 옷차림 등을 볼 때 군 장성 출신이 포함된 고위층들로 보였습니다. 일행이 가지고 온 낚시 도구는 매우 체계화된 것이었고 쌀, 완두콩이 1인분씩 포장된 식사거리를 아이스박스에 가지런히 담아 왔습니다. 그래서 특이했죠. 저는 섬을 수소문해 높은 사람들이 와서 잘 곳이 필요하다기에 숙소를 잡아줬고, 해녀들이 잡아온 전복과 해삼을 남겨두게 하여 안주로 제공하도록 했습니다. 당시 가의도에 20~30호가 살았는데, 제주도 해녀들이 이쪽으로 돈 벌려고 와서 조업을 했어요. 해녀들도 이 섬에서 살았죠.

▌그들을 고위층이라 본 이유는 무엇인가요?

그분들이 자기들은 박정희 대통령 바로 밑에서 일하다가 얼마 전 예편했다는 식으로 말했습니다. 일행 가운데는 그들 말로 군 장성, 치안본부 수사국장을 한 사람도 있었고, 제일 막내가 중령 출신이라고 말했습니다. 자기네들이 제주도에 낚시 갔을 때는 해군 함정이 먼발치에서 호위를 했다고 자랑하듯 말했습니다. 어떤 분은 자신이 군에서 최고의 명사수였다고 자랑했습니다. 제일 높은 분으로 보이는 분이 제 기분을 맞춰주려고 "오늘은 선장이 최고이고 우리가 모시는 게 당연하다"면서 중령 출신에게 "밥을 하라"고 했죠. 그런 말을 해서 자극이 컸기에 칠십이 넘었는데도 지금도 기억이 명확합니다.

◈ 당시 취재기자 조희곤 씨(당시 MBC·경향신문 군산 주재기자)

▮ 취재하고 인터뷰하던 상황을 설명하는 조희곤 씨

이 사건은 당시 매우 충격적인 조난 사건으로 인식되어 언론의 관심이 뜨거웠다. 이에 따라 구조 해경정이 출항하고 조난자들이 구조되어 돌아오는 군산항 부두에는 많은 취재진이 몰렸다. 조희곤 씨(현재 74세)는 1979년 2월 7~8일 동격렬비도 조난 사건 현장의 취재기자였다. 1975년 (주)문화방송(MBC)·경향신문사•에 입사해 1980년까지 전북 군산 주재기자로 일했다. 1989년 ≪코리아 헤럴드≫로 옮겨 1997년까지 22년간 언론인 생활을 한 뒤 다른 분야로 이직했다. 현재는 대한언론인회 편집위원을 맡고 있다. 조 씨를 수소문해 2019년 8월 1일 서울 프레스센터에서 만나 당시 사건 취재 과정 등을 들어보았다.

▮ 당시 혼자 사회면 톱기사를 쓰셨던데, 어떻게 사건을 취재하게 되었나요?

1979년 당시 저는 MBC·경향신문 군산 주재기자였어요. 서울에 있는 본사 제2사회부장(지금의 '전국부장', 신문사에서 서울 또는 서울·수도권 이외 지역의 취재 보도를 총괄하는 데스크의 직책)이 긴급하게 연락이 왔어요. 당시 MBC와 경향신문이 같은 회사였지요. 이러이러한 사건이 벌어졌다고 하니 취재에 착수하라는 것이었죠. 본사에서 뉴스밸류를 높게 판단한 것 같았죠. 저도 깜짝 놀랐죠. 기자인 제 직감으론 반드시 현장에 꼭 가야 할 것만 같았어요. 저는 군산해경, 옥구군청(훗날

• '한국 문화방송 주식회사(MBC)'와 '경향신문'은 1974년 7월 24일 통합하여 같은 해 11월 1일 '5·16 장학회'(현 정수장학회)가 소유한 '주식회사 문화방송·경향신문'으로 개편했다. 이후 종합 미디어 기업으로 출범해 전두환 정권의 언론통폐합 조치가 내려진 1980년까지 통합 회사 체제가 유지되다가 이후 각자 회사로 분리되었다.

옥구군은 군산시와 통합), 군산수협 등 관계 기관을 수소문해 격렬비열도 현장에 가려고 했습니다. 그래서 배를 구해 섬에 직접 가겠다고 본사에 보고를 했습니다.

▌그래서 동격렬비도 조난 사고 현장에 가셨나요?

아니요, 데스크인 제2사회부장이 말려서 가지 못했습니다. 본사에서 중앙의 기관들(청와대, 치안본부, 군 등)을 통해 핵심적인 정보는 취재가 가능하니 군산에서 현장의 상황 취재에 몰두하라는 것이었습니다. 특히 큰 사건이라 당시 추성춘 앵커가 진행하는 오후 9시 〈MBC 뉴스데스크〉 방송에도 보도되어야 하니 군산에 머물러야 한다는 것이었습니다. 당시 군산 주재기자는 전북권

▌1980년대 기자 시절 모습

을 포함 충남 서천·보령까지가 취재 담당 구역인 데다 맡은 구역에서 다른 일이 터지면 대응해야 하니 군산을 비워서는 안 된다는 것이었습니다. 그래서 저는 군산에서 해경, 수협, 경찰, 군청 등 관계 기관과 가족들 취재에 전념했습니다.

▌해경정이 섬에 출동해 약초꾼들을 구조해 돌아올 때 상황을 말씀해 주신다면?

이 사건에 대한 국민적 관심을 반영하듯 늦은 밤 군산항 부두에는 한산했던 평소와 달리 사람들로 빼곡했죠. 모든 신문사, 방송사의 기자들과 군청, 경찰서, 정보기관, 수협 관계자들, 약초꾼들의 가족들 등 100여 명이 몰려 기다리고 있었습니다. 그러니까 해경 경비정이 이른 새벽에 약초꾼들을 구조해 싣고 들어왔습니다. 귀환 장면을 보고 가슴을 쓸어내리던 가족들의 모습이 지금도 눈앞에 선합니다. 저는 신문에도 기사를 쓰고, 난생처음이었지만 방송 뉴스 리포트도 해야 했기에 엄청 긴장하면서 상황에 대응했습니다. 먼저 신문사에 송고하고 같은 집안인 MBC 본사에는 리포트를 해서 송출했죠. 당시 저를 돕기 위해 전주 MBC에서 방송중계차와 카메라 기자를 보내 군산항 귀환 장면 등 영상을 취재했습니다.

▌약초꾼들의 모습과 항구에 나와 있던 시민들의 반응은 어떠했나요?

너무 오랫동안 굶주리고 추위에 떨어서 그랬는지, 너무나 깡마르고 초췌한 얼

굴이었어요. 얼굴에 수염이 덥수룩하고 옷에서는 악취가 났어요. 노숙자분들께
는 조금 죄송하지만 비유컨대 정말 노숙자는 저리 가라 할 정도로 용모가 참 그랬
습니다. 이들은 부두에 도착하자마자 무사히 살아서 돌아왔다는 안도감에 만세를
불렀습니다. 가족들은 이들을 각각 얼싸안았죠. 그러나 이미 앞서 구조되기 전에
조난 사고 소식을 다룬 방송 뉴스가 나가 국민적 걱정을 끼친 일을 저지른 사람들
로 인식되어 항구에 나와 있던 시민들은 마냥 박수 쳐줄 상황은 되지 못했죠. 실제
지탄하는 소리를 하는 사람들도 많았어요. 이들은 간단히 조사와 취재에 응한 뒤
곧바로 앰뷸런스에 실려 군산도립병원으로 이동했습니다.

▌ 당시 '대공 사건'으로 오해되었다는 것은 인식하지 못했나요?

네, 그렇습니다. 동격렬비도에 간 약초꾼들이 초기에 간첩으로 오인된 신고 사
건이라는 것은 당시 취재기자로서 상상도 못했습니다. 저는 당시 군산에 있어서
군산에서 파악할 수 있는 상황에만 집중했기에 그런 사실을 전혀 몰랐습니다. 전
체적인 것은 아마 서울 본사에서 군이나 치안본부를 통해 다 파악하고 일정 부분
조율하여 필요한 내용만 신문에 보도했을 것입니다. 그때가 박정희 군사정권 시
절 아닙니까? 군산에서는 구조해서 돌아온 상황, 약초를 캐러 섬에 간 상황, 배가
오지 않아 조난을 당하게 된 사연 등 사건 자체에 대한 취재와 현장 스케치에 집중
했기 때문이죠.

▌ 돌아오기로 한 날이 19일이 지났는데도 가족들의 실종 신고는 없었나요?

저는 당시 가족들의 실종 신고가 있었다는 사실을 전혀 듣지 못했어요. 저도
그것이 미스터리였습니다. 섬으로 떠난 지 44일간 아무런 신고가 없었다는 것은
정말 이상하죠. 제 생각으로는 태안 모항에서 남의 땅인 동격렬비도로 떠날 때 관
계 기관에 '출항 신고'를 하지 않고 가서 아마 두려워서 신고를 못한 것으로 봅니
다. 약초상은 신고하면 그 섬에 일꾼들을 데리고 가지 못하게 할 것이 뻔하니 불법
으로 몰래 갔다가 그런 일을 당하게 된 거죠. '간첩'이 아니어서 다행이고, 죽은 사
람이 없어서 다행이었지요. 만약 그 섬에서 12명 가운데 단 한 명이라도 어떤 끔찍
한 일을 당하거나 어떤 일이 벌어졌다면 가족들과 국민들의 충격은 이루 말할 것

도 없이 컸을 것입니다. 정말 위아래를 막론하고 여러 기관의 많은 공무원들이 옷을 벗었을 사건입니다.

▎이 사건이 주는 교훈은 무엇일까요?

안면도 사람들이 한겨울철 농한기에 어려운 살림에 보태려고 약초를 캐는 일꾼으로 섬에 가서 돈을 벌려 했던 동기는 너무 이해가 갑니다. 너무 선량한 분들입니다. 그러나 그 약초 캐는 작업을 이끈 리더는 문제가 있습니다. 그 험한 섬에 제대로 된 신고도 없이 불법으로 배를 타고 가게 한 것은 그때의 시점이나 지금의 시점으로 봐도 용납하기 어려운 것입니다. 목적이 아무리 정당해도 그 목적을 실현하는 과정에 불법이 있어서는 안 됩니다. 한번 생각해 보십시오. 멀리 떨어진 무인도나 해상에 나간 뚜렷한 기록이 없는 주민들이 있다면 군, 해경, 경찰이 어떻게 생각할까요? 1970년대 말이 어떤 때인 줄 아시죠? 남북 간 냉전적 대치가 치열하고 엄혹했던 시절입니다. 전혀 보호를 받지 못해 너무나 어처구니없는 억울한 죽음을 당할 수도 있었던 시절입니다.

▎당시 목격자이자 기록자로서 사건 발생 40년 후인 지금 느낀 점은 무엇입니까?

40년이 넘은 사건을 떠올린다는 것, 그날의 기억을 회상하는 것은 정말 꿈만 같습니다. 너무 극적인 사건이었기 때문이죠. 저의 인생이 이제 70대 중반에 이르니 무려 12명의 목숨을 온전히 지켜주고 무사히 집으로 돌려보낸 격렬비열도가 정말 위대하게 느껴집니다. 더군다나 그 후 중국이 탐내면서 매입을 시도하려 할 정도로 중요한 섬이 되었기에 그 가치가 더욱 높아진 듯합니다. 우리의 소중한 영토주권 수호 차원에서 대한민국 정부가 이 섬을 공적으로 잘 관리하고, 탐낼 가능성이 있는 다른 섬들도 미리 조치를 취해야 합니다. 오직 국가의 이해에 치중해 남북, 미북, 한미, 한중일 등 당사국 간에 치열한 외교전이 펼쳐지는 이때, 가장 중요한 문제가 아닌가 생각합니다.

9장

박정대 시인이 창조한 '뜨거운 사랑'과 '지키지 못한 사랑'
양가적 판타지로서 '로맨스 섬'으로 다시 잉태되어 유명해진 격렬비열도에 어둠이 깔리고 있다. © 김정섭

문학적 메타포로
뜨거운 상상의 섬

01

'문학적 메타포'로 뜨거운 상상의 섬

　격렬비열도가 태안이라는 지역의 섬에서 '전국의 섬'으로 본격적으로 알려지게 된 것은 박정대 시인(1965년생)이 2001년 출간한 시집 『내 청춘의 격렬비열도엔 아직도 음악 같은 눈이 내리지』(민음사) 덕분이다. 하얀 종이에 과거 전동식 타자기에서 볼 수 있었던, 가늘고 검은 글씨체로 디자인된 시집의 표지는 매우 간결하면서도 인상적이다. 특히 이 시집의 제목과 「음악들」이라는 시에 포함된 시구 "내 청춘의 격렬비열도"에서 사람들의 호흡이 한참 멈추며 강렬하고도 묘한 심상을 불러일으키기 때문이다.

　격렬비열도. 그 섬은 「음악들」이라는 악보에 걸려 있는 음표와 같은 시어(詩語)처럼 얼마나 아름다울까? 섬에 깃든 '분홍빛 사연'은 얼마나 뜨겁고 아름다울까? 그 사랑은 섬 아래 깊은 땅속에 있는 용암처럼 분출되어 폭포수 같은 열정으로 넘칠까? 이 시를 읽은 독자들은 자신도 모르게 뜨거운 사랑, 열병 같은 사랑을 떠올리며 문학적 판타지(fantasy)가 가미된 섬을 마음속에 그리기 시작했다. 이것이 시집을 주목하는 이유다.

　박정대 시인은 이 섬을 여행하고 그 섬에 몰입해 시를 쓴 것일까? 결론은 그렇지 않다. 섬에 가보지 않았을 뿐만 아니라 시에서 묘사한 섬도 실재하는 자연 그대로의 섬이 아니다. 시인이 시집에서 말하는 격렬비열도는 실제 태안 앞바다에 떠 있는 삼형제 섬을 묘사한 것이 아니라는 뜻이다. 섬의 명칭인 격렬비열도(格列飛列島)에서 '격렬', '비열'이라는 어휘의 소리만을 차용한 일종의 문학적 '메타포'다. 실제 섬의 이름 위로 이국적 로맨티시즘에 뿌리를 두고 있는 상상의 레퍼토리를 투영한 것이다. 어떤 문학평론가는 이를 문학에서 허용되는 '창조적 오독(誤讀)'이라 표현했다.

　시인은 청춘이라면 누구나 겪기 마련인 뜨거운 사랑 또는 열병 같은 사랑의 시작과 전개, 질곡, 갈림길, 그리고 그 걸어와 매조지를 시적 은유로 승화한 것이다. 사랑의 여러 가지 특성을 섬에 투영한 것이기도 하다. 망망대해에 떠 있는 격렬비열도가 사랑의 다양한 단계와 고비마다 나타나는 감정의 격변, 그리고 양면성을 함의하는 공간인 셈이다.

따라서 이 시에서 격렬비열도는 새로운 느낌을 주는 상징적 효과를 거두기 위해 적용한 물체, 즉 '오브제로서의 섬'에 불과하다. 이 시집은 사람들의 감수성을 적잖이 자극하고 멋스럽게, 은근히, 그러나 온존하게 도취되는 반향을 불러일으켰다. 박정대 시인은 이 시집에 들어 있는 시 「마두금(馬頭琴) 켜는 밤」으로 제14회 '김달진문학상', 시 「아무르 기타」로 '소월시문학상'을, 시집 『체 게바라 만세』로 '대산문학상'을 연거푸 수상했다.

「음악들」에서 상상 속 배경인 '격렬비열도'는 우리나라 서해 끝에 실재하는 무인도다. 그러나 시인은 백석(白石)의 시 「나와 나타샤와 흰 당나귀」와 같이 직접 가보지 않은 섬으로 설정했다. 또한 산둥반도에서 말을 달리는 듯한 의성어 "위구르, 위구르"를 사용함으로써 시인의 기호(嗜好)를 고스란히 투영했다(시안 편집부, 2010). 문학평론가 함성호는 이 시를 두고 "격렬비열도 같은 생경한 지명을 쉼표로 대치할 수 있는 문장(文章)의 여행기이고 열정적인 로드 무비"라고 평했다. 시의 소재인 격렬비열도는 저 천상에서 이 땅 위로 끌어내려진 예술가들의 자기 성찰과 현실 인식을 바탕으로 이루어진 낭만주의가 상징하는 천상(天上)의 지명이자 천상의 기억이다(함성호, 2002). 이 시가 독자를 시적 진술에서 철저히 배제시킨 채 행복했던 기억을 옹호하는 한 낭만주의자의 혼잣말처럼 읽히고 낯선 공간을 병치했다는 점에서 또한, 격렬비열도는 천상에 대한 기억과 세속에 대한 연민 사이의 갈등과 애증을 나타내는 공간이 되었다.

시평집 ≪시안≫의 분석에 따

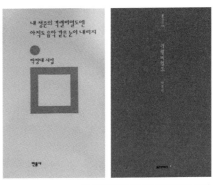

■ 박정대의 시집과 박후기의 시집

르면, 백석의 시에서 '흰 당나귀'가 '나타샤'의 분신이라면 박정대의 시에서는 '그 하얀 돛배'가 화자(話者)가 사랑하는 '너'의 분신일 수 있기에 '내 청춘의 격렬비열도'는 관능적 기쁨(sensual pleasure)이 절정을 이루는 공간이라 볼 수 있다. 이때 눈 내리는 풍경은 화자의 환상 속에 드리워진 성애(性愛) 장면과 대응하며, 격렬비열도는 오르가슴(orgasm)의 세계와 대응한다. 더불어 수많은 섬 가운데 하필 격렬비열도를 소재로 택한 것은 순전히 기표●가 환기하는 강렬한 이미지의 질 때문인 것으로 판단했다(시안 편집부, 2010).

문학평론가 허혜정은 시집 『내 청춘의 격렬비열도엔 아직도 음악 같은 눈이 내리지』에 대해 박정대의 시는 '어둡게 타오르다 스러지는 청춘의 재처럼', '모든 경험의 슬픔처럼 정통 집시의 영혼에서 흘러나온 충만한 악절(樂節)처럼', '미표(美標)하고 아름답고 미끄럽다'고 평가했다(허혜정, 2001). 시에서 '격렬비열도'라는 소재와 광경은 당도할 수 없는 영원임과 동시에 순간의 박제(剝製)로서 어쩌면 우리의 영혼과 숨결이 일순간 머물렀던, 사라진 모든 장소의 이름일지도 모른다고 풀이했다. 허혜정은 나아가 표현 기법에서 "끝없는 어두운 상상의 곁길을 더듬고, 이미지(image), 모티프(motif), 복선(foreshadowing)을 깨뜨리는 독특한 확산적인 문체를 구사하기에 지배 문법인 연대기적 질서의 단선성(單線性)을 해체한다"라고 분석했다.

문학평론가 엄경희는 "박정대 시인의 시는 특유의 낭만적 자아(自我)를 지녀 순식간에 애잔한 아름다움으로 독자를 매혹시킴으로써 한밤에만 꿀 수 있는 슬픈 꿈속을 방랑(放浪)하게 한다. …… 그의 시적 자아인 '나'는 언제나 여기가 아닌 어디론가 바람처럼 떠나야 하는 숙명적 존재로 느껴진다"라고 평가했다(엄경희, 2003).

시집 『내 청춘의 격렬비열도엔 아직도 음악 같은 눈이 내리지』의 139쪽에 들어 있는 시 「음악들」은 다음과 같은 내용으로 연을 나누지 않은 산문시(散文詩)

● 언어학자 소쉬르의 기호이론에서 시니피앙이라 불리는 '기표(記標, signifier)'는 의미를 전달하는 외적(外的) 형식으로 소리, 표기, 단어를 이루는 표기의 집합처럼 기호의 지각 가능하고 전달 가능한 물질적 부분이며, '기의(記意, signified)'는 독자나 청자의 내부에서 형성되는 기호의 의미 즉 개념적 부분이다.

음악들

박정대

너를 껴안고 잠든 밤이 있었지, 창밖에는 밤새도록 눈이 내려 그 하얀 돛배를 타고 밤의 아주 먼 곳으로 나아가면 내 청춘의 격렬비열도에 닿곤 했지, 산뚱 반도가 보이는 그곳에서 너와 나는 한 잎의 불멸, 두 잎의 불면, 세 잎의 사랑과 네 잎의 입맞춤으로 살았지, 사랑을 잃어버린 자들의 스산한 벌판에선 밤새 겨울밤이 말달리는 소리, 위구르, 위구르 들려오는데 아무도 침범하지 못한 내 작은 나라의 봉창을 열면 그때까지도 처마 끝 고드름에 매달려 있는 몇 방울의 음악들, 아직 아침은 멀고 대낮과 저녁은 더욱더 먼데 누군가 파뿌리 같은 눈발을 사락사락 썰며 조용히 쌀을 씻어 안치는 새벽, 내 청춘의 격렬비열도엔 아직도 음악 같은 눈이 내리지.

형식을 띠고 있다.

박정대 시인은 사실 격렬비열도의 위치나 지리적 연고와는 무관한 강원도 정선에서 태어나 1990년 ≪문학사상≫을 통해 등단했다. 이 시집 외에도 『단편들』, 『사랑과 열병의 화학적 근원』, 『체 게바라 만세』, 『아무르 기타』 등을 펴냈다. 특히 『아무르 기타』는 2004년 출간된 시집으로 절판 이후 14년 만에 복간되었다. 2001년 출간한 『내 청춘의 격렬비열도엔 아직도 음악 같은 눈이 내리지』라는 시집도 2015년 다시 발간되었다. 낯선 섬을 익숙한 듯 묘사하는 특유의 근거리적(近距離的) 접근 방식 때문에, 시인은 항상 독자들로부터 왜 격렬비열도를 시의 소재로 사용했는지 질문을 받곤 했다.

시를 깊이 음미해 보면 독자들로부터 당연히 그런 궁금증이 쏟아질 수밖에 없을 것이다. 시인은 '2016 서울국제작가축제'를 앞두고 2016년 9월 7일 ≪채널에스≫와의 인터뷰에서 다음과 같이 시작(詩作)의 모티브와 배경을 다음과 같이 설명했다.

우리나라 최서단에 '격렬비열도'라는 이름의 섬이 있어요. 제 시(詩) 때문에 그곳을 알게 되었다는 독자 분들도 계시더라고요. 그런데, 그곳의 실제 모습이 중요한 것은 아닙니다. 제가 말하는 "내 청춘의 격렬비열도"는 '격렬(激烈)'하기도 하고, 한편으로는 '비열(卑劣)'하기도 한 청춘의 한 자락을 말하는 것이죠. 제가 한참 청춘의 시절을 통과하고 있을 때, 제가 겪은 청춘은 '격렬'하면서 '비열'했습니다. 비열하다는 건 어떤 의미에서는 어떤 용기라고도 볼 수 있다는 점에서 긍정적인 의미도 있는 것 같아요. 우리는 사랑하는 사람을 위해 목숨 바쳐 격렬할 필요도, 비열할 필요도 있는 것처럼 말입니다. 제가 지나온 청춘을 어떻게 말할 수 있을까 고민했는데, 딱 '격렬, 비열'이더라고요.

박정대 시인의 시로 인해 격렬비열도라는 섬에 대해 사랑의 양면적 성격을 형상화한 이미지가 설정된 상황에서, 박후기 시인은 2015년 5월 『격렬비열도』라는 시집을 출간해 격렬과 비열 사이에서 갈등하면서 제자리를 찾는 사랑 이야기를 은유의 언어로 풀어놓았다. 박정대 시인은 "박후기 시인이 후배로서 저와 사이가 좋아 선배 작품에 대한 존중의 표현으로, 일종의 오마주(hommage)●를 하여 시집을 낸 것"이라고 말했다. 박후기 시인이 시에서 말하는 '격렬'은 막 불타오르기 시작한 사랑의 뜨겁고 세차고 호흡이 거친 속성을, '비열'은 연인끼리 서로 다투고 싸우고 헤어지는 과정에서 나타나는 사랑의 졸렬하고 비겁하고 천박하고 야비한 속성을 나타내는 것이다.

이 시는 『격렬비열도』(실천문학사, 2015)라는 시집을 통해 발표되었다. 여기에 실린 「격렬비열도」라는 시의 전체 내용은 "격렬과 비열 사이/ 그/ 어딘가에/ 사랑은 있다"이다. 짧지만 매우 간결한 시구로 이상과 현실의 사랑을 이야기하는 듯하다.

문학평론가 전해수는 박후기 시집 『격렬비열도』를 "비통한 사랑 대신 쓰는 투병기(鬪病記)"라고 규정했다(전해수, 2015). 그는 시평(詩評)에서 "40대의 시인에

●　'경의', '존경'이라는 뜻의 프랑스 어휘로 영화 등 예술 작품에서 이전 창작자에 대한 존경의 표시로서 다른 작품의 주요 장면, 대사, 표현 기법 등을 차용하거나 인용하는 것을 이르는 용어다.

게 사랑의 위악(僞惡)은 배신과 절망감을 안겨주기도 하는데, 사랑한 만큼 이별은 뼈아픈 고통이 되고 이별을 전제한 병마(病魔)는 고통을 수반한다"라고 진단한 뒤 "사랑의 가장 절망적 형태인 죽음이 지척에 다가와도 더 비통한 시인의 사랑은 사랑의 종말을 인정하는 것이 아니며, 여전히 희망을 잃지 않은 사랑의 서약(誓約)을 믿고 있다"라고 설명했다.

박후기 시인은 1968년 경기도 평택 태생으로 2003년 『작가세계』에 선보인 「내 가슴의 무늬」 등 6편의 시가 '신인상'에 당선되어 작품 활동을 시작했다. 2006년 에는 '제24회 신동엽창작상'을 수상했다. 시집 『종이는 나무의 유전자를 갖고 있다』, 산문 사진집 『내 귀는 거짓말을 사랑한다』, 『나에게서 내리고 싶은 날』을 출간했다.

격렬비열도를 노래한 시는 이 시인들의 작품뿐만이 아니다. 히트작 시집인 『오래 보아야 예쁘다 너도 그렇다』, 『꽃을 보듯 너를 본다』로 적잖은 팬을 확보 하고 있는 충남 서천 출신의 나태주 시인은 2017년 10월 31일 방송인들 및 문화인 들과 함께 격렬비열도에 도착하여 문화 행사를 한 뒤, 섬에서 감흥을 느껴 다음과 같은 즉흥시를 지어 읊었다. 문단에 발표한 시는 아니지만 공식적인 문화 행사에 서 낭독한 시라는 점에서 의미가 있다.

나 시인은 교사 출신으로 1971년 ≪서울신문≫ 신춘문예 공모전에 시 「대숲 아래서」로 등단하여 『풀꽃』, 『오래 보아야 예쁘다 너도 그렇다』, 『별처럼 꽃처 럼』, 『꽃을 보듯 너를 본다』, 『가장 예쁜 생각을 너에게 주고 싶다』, 『마음이 살 짝 기운다』, 『좋다고 하니까 나도 좋다』 등 서정성과 낭만성이 결합된 시를 담은 시집과 수필집을 냈으며, '정지용문학상', '공초문학상', '김삿갓문학상' 등을 차례 로 수상했다.

특히 『풀꽃』에 실린 시 「풀꽃. 1」의 시구인 "자세히 보아야/ 예쁘다/ 오래 보 아야/ 사랑스럽다/ 너도 그렇다"는 가장 직접적이고 강렬한 사랑 표현으로 인식되 어 많은 사람들의 사랑을 받은 뒤 오래도록 인구에서 회자되고 있다. 현재 교직 은 퇴 후 공주에서 시인의 작품을 모아 전시하는 '공주풀꽃문학관'을 운영하고 있다. 나태주 시인이 쓴 「격렬비열도」라는 미발표 시에는 격렬비열도를 향한 사랑이 가득 담겨 있다. 시인의 허락을 받아 시를 공개한다.

격렬비열도

나태주

왜 진작 알지 못했을까?
왜 진작 오지 못했을까?
서해 바다 아름다운 태안 앞바다
조국의 막둥이 섬 세 자매

동격렬비도
서격렬비도
등대를 품은 섬 북격렬비도

어버이 땅을 지켜 나란히
나란히 새들의 행렬을 지어
수천만 년 바다를 지켜
거기 그대들 이미 있었구나

바람 먼저 보내고
구름 먼저 새들 먼저 보내고
뒤늦게 찾아와 울먹이는 사람들
다시 찾아오마 약속이야

쉽게 하기 어렵겠지만
잘 있거라 부디 잘 있거라
돌아가서도 오래 잊지 않으마

　　박상건 시인은 「꿈꾸는 격렬비열도」라는 시를 통해 격렬비열도를 이곳 해상
에서 이뤄진 여송 무역의 주 무대라는 장중한 역사에 뿌리를 두고 다시 비상(飛上)
하는 땅으로 묘사했다. 1991년 『민족과 지역』을 통해 등단한 이래 '섬 전문 시인'
으로 불리며 섬문화연구소장도 맡고 있는 박 시인을 통해 격렬비열도는 화산의 격
렬한 기세로 7000만 년 전 탄생해 산둥반도 뱃길을 따라 대륙을 호령하던 서해의

끝 섬으로 각인되었다.

　박 시인은 시로써 섬이 갖고 있는 역사적 가치를 재조명하고 현재의 중요한 지정학적 위치에 걸맞게 새로운 역사적 비상을 꿈꾸는 존재로 격상시킨 것이다. 새들의 안식처로만 버려져 그간 억눌려온 고독의 무게만큼 한민족의 기운을 드높일 기운이 충전되어 있기에 앞으로 섬이 펼칠 꿈은 벅차고 원대하기만 하다.

　박상건 시인이 「꿈꾸는 격렬비열도」를 통해 표현한 격렬비열도는 다음과 같다.

　　망망대해 그 너머/ 연사흘 흰 거품 물고/ 칠천만 년 꾹꾹 눌러 둔 고독이/ 마침내 폭발하더니만, 깊고 깊어 푸른/ 그 그리움 더 어쩌지 못하고/ 파도소리 뜨겁게 퍼 올려/ 등대 불빛을 밝히는/ 서해 끝 섬// …… 새들도 쉬어가는 삼형제의 섬/ 격렬비열도

02
섬의 존재를 전국에 알린 박정대 시인 인터뷰

박정대 시인은 격렬비열도를 무인도라는 '자연'에서 항상 곁에 있는 섬으로서 우리의 정서를 충만하게 하는 '문학'으로 승화한 예술가다. 아울러 그 섬을 인지의 폭이 협소한 '지역의 섬'에서 모든 국민이 아끼고 사랑하는 '한반도의 섬'으로 소환했다. 오늘날 영토주권을 상징하는 서해 최서단 무인도. 이렇듯 애국심은 공교롭게도 한 시인의 예술과 낭만적 감수성에서 불을 붙였다. 2001년 시집 『내 청춘의 격렬비열도엔 아직도 음악 같은 눈이 내리지』를 출간한 것을 계기로, 지금도 계속되는 여정이 시작되었다.

격렬비열도는 박정대의 시를 통해 뜨겁고 가슴 아픈 연애담을 간직한 청춘들에게 과거와 현재의 추억이 '거울반사(specular reflection)' 되는 공간으로 자리매김

■ 박정대 시인에게 격렬비열도는 여전히 '사랑으로 뜨거운 섬'이다. ©박정대

했다. 열정과 희열, 비애와 비정함이 공존하는 무인도는 공허함이나 외로움 대신 언제나 미풍(美風)과 돌풍(突風)이 교차하는 역동적인 존재로 격상되었다. 사랑꾼 시인 박정대는 사랑의 본질적 속성처럼 뜨거운 동시에 냉정한 양가적 판타지를 창조하며 현실과 초현실을 넘나드는 사랑을 노래했다.

이와 같이 격렬비열도를 알리는 데 가치 있는 기여를 한 박정대 시인을 2019년 6월 12일 서울 홍대 앞 카페에서 만나 인터뷰해, 「음악들」이라는 시가 탄생한 배경과 그간 평론가들이 간파해 내지 못한 시나 시어의 심연을 살포시 들춰보았다.

▌ 시인께서는 시를 통해 지역의 섬을 국민의 섬으로 승화하는 역할을 하셨는데, 격렬비열도라는 섬의 실존을 언제 처음 알았나요?

제가 대학 다닐 때 처음 알게 되었습니다. 저는 84학번(1984년 대학 입학)인데요, 처음엔 우리나라 남한 영토 최서단 섬으로 알았지만 지도를 펼치고 그 이름을 보는 순간 섬 이름 자체가 너무나 많은 것을 환기시키는 데다 다양한 상상력을 불러일으킨다는 것을 직감했습니다. 한마디로 나도 몰래 전율 같은 것이 느껴졌죠. 우리나라 사람들이 온통 동해의 최서단 영토인 독도에만 관심을 쏟는 바람에 이 섬이 외면당했죠. 한반도가 분단 상태이지만 국토가 갈라진 것은 아니기에 우리 한민족의 영토로서 중국과 맞닿은 남쪽 서단 끝 무인도라는 점에서 이 섬이 특별하게 다가왔습니다.

▌ 이 시집 제목은 지명의 실제 의미와는 무관한데, 어떤 성격의 시인가요?

독자들이 이 시를 흔히 로맨티시즘이 물씬 풍기는 순수한 연애시나 낭만시로 이해하는 경우가 많은 것 같은데요, 사실은 그렇지 않습니다. 물론 첫사랑의 아픈 추억이 일정 부분 포함된 것은 맞습니다. 그러나 사랑 이야기 외에도 저의 가족 이야기, 인생 이야기 등이 중첩된 것입니다. 이런 다양한 상황을 모두 포괄한 시입니다. 할머니 이미지, 인생의 도피처, 사랑의 망명지라는 다양한 공간적 이미지를 담은 입체적인 의미의 시입니다. 제가 저의 시를 설명하니 조금 쑥스럽습니다.

▎재확인하고 싶은데요, 격렬비열도에는 언젠가 가보시고 시를 쓰신 건가요?

아닙니다. 격렬비열도가 등장하는 「음악들」이라는 시는 섬을 직접 가보지 않고 쓴 시입니다. 격렬비열도는 아직 가보지 못했죠. 쉽게 갈 수도 없는 섬이니, 쉬운 일이 아닙니다. 언젠가 그 섬에 가야 하겠지만, 시를 쓸 때는 안 가보고 쓰는 게 더 상상력이 극대화되고 그로 인한 표현이 리얼해집니다. 저는 사실주의 사조의 시를 쓰지 않아요. 그래서 상상력이 매우 중요한 요소입니다. 보지 않고 실제 보는 것처럼 생생하게 그려내야 하기 때문이죠. 이런 이유로 제가 쓰는 시 가운데 지명이 나오는 것은 80% 정도는 가보지 않고 쓴 것입니다.

▎격렬비열도에 투영된 대상으로서 '할머니'를 맨 처음 강조하셨는데요?

네, 저는 아버지가 일찍 돌아가시고 어머니가 혼자된 상태에서 많이 편찮으셔서 사실상 외할머니의 보살핌으로 자랐어요. 외할머니가 생계를 책임지며 아버지 역할을 하신 거죠. 저는 겨울에 춥고 눈이 많이 내리기로 소문난 강원도 정선에서 났어요. 할머니는 이북 출신이셨는데, 엄동설한의 겨울, 폭설이 내린 날에도 일찍 일어나 금방 손발이 어는 냉랭한 부엌에서 맨손으로 쌀도 씻고 파도 다듬고 온전히 저를 위해 헌신했습니다. 그런 면에서 격렬비열도는 외로우면서도 따뜻하셨던 외할머니의 모습인 것입니다. 「음악들」이라는 시에 나오는 "누군가 파뿌리 같은 눈발을 사락사락 썰며 조용히 쌀을 씻어 안치는 새벽"은 바로 외할머니의 모습을 담아 그린 것입니다.

▎그렇다면 시에서 격렬비열도는 구체적으로 무엇을 의미하는가요?

제 시에서 격렬비열도는 한마디로 아주 따뜻하면서도 외로운 공간이죠. 그러니까 할머니의 모습이면서도 겨울날 아침 초연히 내리는 눈의 모습이며, 선택의 고비나 변곡점마다 번민하는 내 삶의 모습이며, 대학 시절 여자 친구와의 사연 많은 첫사랑 스토리가 복합적으로 펼쳐지는 복합적인 연결공간이죠. 아무도 찾아가지 않은 그 섬에서 그런 일들이 동시에 일어나면 어떨까 해서 완벽한 도피처이자 망명지로 그려본 것입니다.

▌첫사랑과 로맨스의 측면에서만 보면 격렬비열도는 '그 여인'의 모습이겠네요?

그렇습니다. 맞습니다. 격렬비열도는 바로 '그 여인'의 모습이기도 합니다. 누구나 첫사랑은 보고는 싶지만 이미 지나가 버렸기에 잘 볼 수 없잖아요. 어떤 때는 수줍어서 가장 숨기고 싶은 존재잖아요. 격렬비열도도 그런 존재인 것 같아요. 가보고 싶지만 쉽게 가볼 수 없는 섬, 눈앞에 보이는 것 같지만 실상은 쉽게 잊고 사는 존재잖아요.

▌시집 제목부터 그간 사람들의 마음을 적잖이 사로잡은 것 같습니다.

그런가요? 사실 시집 제목은 참 웃기게 만들어졌어요. 당시 출판사인 민음사에서 시집을 내기로 하고 시를 써서 원고를 모두 보냈죠. 저는 시집을 준비할 때마다 마지막 교정을 제가 직접 출판사에 가서 합니다. 이 시집도 그렇게 마지막 교정 작업을 하려고 어느 날 출판사에 갔습니다. 그런데 그 자리에서 시상(詩想)이 떠올라 「음악들」이라는 시를 즉흥적으로 써서 추가했어요. 그리고 그 시에 나오는 한 구절인 "내 청춘의 격렬비열도엔 아직도 음악 같은 눈이 내리지"를 뽑아 시집 제목으로 채택하게 되었어요. 참 우연입니다.

▌'격렬'과 '비열'에는 대체 어떤 깊은 의미가 담긴 것입니까?

독자들이 저에게 가장 많이 던지는 질문이죠. 원래 섬의 이름을 보면 '격렬(格列)'은 간격이 띄어진 것을 열거할 때 쓸 수 있는 어휘라면, '비열(飛列)'은 떨어져 있는 섬들이 새가 날아가는 모습과 같다는 양태를 표현한 단어라 할 수 있겠죠. 그런데 저는 섬의 이름이 갖는 언어적 느낌만을 가져다가 상상의 나래를 펼친 것입니다. 문학평론가들도 그간 한 번도 저한테 연유를 물은 적이 없어 시평을 보면 너무 동떨어진 해석을 한 분이 많았어요. 저의 청춘과 삶, 그리고 사랑 자체가 좋은 의미에서 격렬하면서도 비열했기 때문에 도피안(到彼岸)의 공간으로서 섬을 마음속에 두고 섬의 이름을 음차(音差)한 것입니다.

▌앞에서 첫사랑 스토리가 포함된 중첩된 섬의 이미지를 언급하셨는데요, 이때 '격렬'과 '비열'은 어떤 사연이 응축된 메타포인가요?

저는 고려대 국문과에 입학해 1학년 시절에 학과 동기 여학생과 첫사랑을 하게 되었어요. 그런데 제가 적잖이 내성적이어서 무려 3년간이나 손도 잡지 못했죠. 그러다가 어느 날 그녀를 집에 바래다주면서 고백했죠. "너, 나의 한 가지 소원을 들어줄 수 있겠니?"라고요. 그랬더니 그녀가 "뭐냐?"라고 바로 되물어 "너랑 손잡고 싶다!"라고 했더니, 그녀가 바로 손을 잡아주었어요. 그 순간 저의 마음속에서 격랑이 치면서 인간이 직감하는 가장 강렬한 느낌, 바로 '격렬'의 감정을 느낀 거죠. 그건 사랑의 원형이죠. 사랑한 지 3년 만에 처음 손잡은 느낌, 요즘 친구들은 이해하기 어려울 테지만 순수함에서 발동되는 전율 그 자체입니다. 그것은 어쩌면 인간이 육체적으로 사랑을 할 때 느끼는 극도의 쾌락보다 더 환상적일 수 있습니다. 주관적일 수 있지만 그때는 사랑에서 최고의 가치를 느끼는 순간인 것입니다.

▌그렇다면 그 첫사랑 스토리에서 '비열'이라는 상황은 무엇이었나요?

결국 삼각관계가 형성되어 그 관계의 끝이 비열한 상황을 만들었습니다. 제가 군대에 가기 직전 매우 친한 동아리 남자 선배가 "너 사귀는 여자 친구 있다면서 함께 보자"라고 여러 번 얘기했습니다. 마침 그분은 매우 존경하는 선배라서 어느 날 도서관에서 공부하고 있던 여자 친구를 불러내 같이 봤습니다. 그런데 저는 딱 10분 만에 후회하고 말았습니다. 셋이 만난 자리에서 어느새 저를 뺀 둘은 대화가 활발해졌고, 저는 어느새 소외되어 있다는 것을 직감했습니다. 그 선배는 군대도 다녀온 복학생이었고, 사람을 다루는 법도 제법 잘 알아 대화술과 사교술이 능숙했습니다. 제가 마침 외할머니가 백혈병에 걸리셔서 신촌 세브란스병원에 가서 몇 달간 간병을 했는데, 그사이에 둘은 연인이 되고 말았습니다.

▌그 뒤로 어떤 일이 일어났습니까?

정말 화가 났습니다. 실망감이 컸습니다. 저는 그 사실을 이미 다 알고 그 남자 선배에게 따져 물었습니다. 그랬더니 끝내 침묵할 뿐, 어떤 대답도 하지 않았습니다. 계속 말이죠. 화가 치밀어서 그 선배의 얼굴에 와락 술도 끼얹었고 욕설도 퍼부었습니다. 그런데 제가 당시에 그녀와의 관계를 복원해 사랑을 지키려 노력하기보다는 속이 너무 상해 그녀와 그 선배 모두 다 꼴 보기가 싫어서 일부러 피해 다녔습니다. 그러다가 어느 날 홀연 군대에 가버렸습니다. 군대 가기 직전 우연히 학교에서 그녀를 마주쳤습니다. 그녀가 "어디 가냐?"라고 묻기에 "나 군대 간다"는 짧은 대답만 했습니다. 이 순간은 정말 제 스스로 정말 비열했던 것입니다. 그것이 바로 '비열의 순간'입니다.

❚ 시어 '격렬'과 '비열'의 숨은 의미를 설명하는 박정대 시인 ⓒ박정대

❚ 그 이후에는 둘 사이가 어떻게 되었나요?

그녀는 예상과 달리 제가 군대에 있는 동안 종종 편지도 쓰고 연락도 했어요. 그래서 기간이 많이 흘러 제대하는 날 공중 전화로 그녀 집에 연락했습니다. 그런데 그녀의 어머니가 전화를 받고 하시는 말씀이 "졸업 후 바로 어떤 남자와 선을 본 후 결혼을 해서 미국으로 이민을 갔다"는 거예요. 물론 동아리 선배와는 그 전에 헤어졌고요. 완전히 송두리째 여자 친구란 존재는 물론 옛 추억까지 빼앗긴 느낌이 들었죠. 이런 상황도 역시 비열했죠. 여자 친구와 선배는 어찌 되었든 친구며 선후배 관계라서 나중에 나이가 좀 더 들어 인생을 알 만한 시기가 되었을 때 각각 다시 만나 오해도 풀고 화해를 했습니다. 아픈 사랑의 상처가 아물면서 '해탈의 에필로그'가 완성된 것이죠.

▌ 격렬과 비열이라는 사랑의 기억이 오늘날 시인을 잉태했네요?

네, 그런 셈이죠. 사랑과 헤어짐의 여진(餘震)이 제 마음속에서 계속된 것이지요. 제대 후 1년 반 동안 미친 듯이 술을 마시면서 글쓰기를 했어요. 습작 몰입을한 것이죠. 그리곤 4학년 때 시를 써서 등단함으로써 '시인'이 되었습니다. 1997년첫 시집 『단편들』이 나왔어요. 격렬비열도를 언급한 시집은 2001년에 출간되었죠. 저는 서울 배문고와 서문여고에서 차례로 국어 교사를 하면서 시 창작 활동을계속했습니다. 지금도 서문여고에서 교편을 잡고 있어요. 당시 선배 교사들과 함께 전교조 활동을 하면서 관심과 시야를 '개인'에서 '공동체'로 넓혀보기도 했지만,당시 분위기가 이런 활동을 진의(眞意)와 달리 '빨갱이' 취급하다시피 하여 고립감때문에 심경이 매우 복잡했습니다. 이 모든 심경도 격렬비열도라는 공간에 투영되어 있어요. 바로 '격렬'과 '비열'이라는 시어 속에요.

▌ 그때 시야가 공동체로 넓어지면서 시인으로서 얻은 소득은 무엇인가요?

내 땅, 네 땅, 그리고 내 영역, 네 영역 하면서 경계 짓기를 하는 것이 너무 싫게느껴졌어요. 그건 편협한 사고의 발로이기 때문이죠. 땅은 모름지기 밟고 지나가는 사람이 주인이지 누가 독자적으로 소유해서는 안 되는 것이라고 저는 생각합니다. 철저한 자본주의 체제에서 벌어지는 '구획 나누기'는 인간의 존엄성을 해치는매우 경멸스러운 처사이기에 반드시 사라져야 해요. 격렬비열도 문제도 영토주권이나 소유권의 문제를 떠나서 우리 국민들이 함께 아끼면서 누리는 '소통과 교류의 장'이 되어야 한다고 봅니다. 더군다나 이 섬은 찬란한 문명을 꽃피운 환황해권의 중심에 있는 소중한 섬이잖아요.

▌ 그렇다면 시인은 격렬비열도가 국민들에게 어떤 공간으로 사랑받기를 원하는가요?

완벽한 사랑을 꿈꾸는 사람들이 찾았으면 하는 둘만의 소중한 공간, 그 누구도침범하지 못하는 불가침 지역으로 남았으면 해요. 어느 누구도 쉽게 접근하지 못하고 누구도 간섭받지 않는 공간으로 남았으면 합니다. 사람들의 눈에 뻔히 보이지만 모두가 잊고 있는 지금의 모습처럼 사람들에게 가장 완벽하게 숨을 만한 '심리적 은신처'가 되었으면 해요, 역설적으로 말이죠. 완벽하게 혼자 있고 싶다면 철저하게 군중 속으로 들어가라고 한 철학자 데카르트(Rene Descartes)*의 말이 생각납니다. 태안 주민들은 안보·생태·경제적 가치를 뛰어넘어 아마도 각자의 마음에 이미 이렇게 자리 잡았을지도 모를 격렬비열도의 심리적 상징성과 소중함을 반드시 알아야 합니다.

▌ 향후에 격렬비열도에 가신다면 어떤 모습으로 가고 싶은가요?

먼저, 살아서는 좋은 친구들과 함께 섬에 들어가 정말 좋은 추억을 남기고 싶습니다. 멋진 추억 말이죠. 나중에 죽어서는요, 하늘에 가서 하얀 눈발이 되어 그 섬 위에 흩뿌려지듯 휘날리고 싶습니다. 그러면 너무 행복할 것 같습니다. 그날이 정말 기다려집니다.

• 북 트레일(the booktrail.com)에 따르면 프랑스 투렌 태생인 르네 데카르트는 조국 프랑스가 종교재판을 하던 시기에 마녀와 이단자들이 사형에 처해 불태워지는 모습을 보고, 피난민은 아니지만 조국을 떠나 아무런 제약도 받지 않고 일할 수 있는 네덜란드 암스테르담으로 1628년 이주했다. 그는 1649년까지 그곳에서 살았다. 종교적·사상적 자유가 상대적으로 폭넓게 보장되었기 때문이다. 그는 1631년 암스테르담에 관한 글을 쓰면서 "나는 평생 여기에서 영혼의 주목을 받지 않고 살 수 있었다. 매일 잎이 무성한 숲에서 당신이 얻는 것보다 많은 자유와 휴식을 누리는 군중의 부산함 속에서 산책을 했다. 내가 만나는 사람들에게 더 이상 관심을 기울이지 않고, 숲속의 나무나 그곳을 돌아보는 동물들에게도 관심을 기울이지 않았다. 도시의 소란스러움은 시냇물이 물결치는 것만큼 나의 일상을 어지럽히지는 않았다"라고 묘사했다. 독살, 반역, 중상모략으로 가득한 복잡하고 불안한 정세와 정치적 속박에서 벗어나 암스테르담이라는 정치적·심리적 도피처이자 피안지에서 평범한 군중과 함께 살면서 완전한 자유와 탈속의 기쁨을 누리고 있음을 표현한 것이다. 데카르트는 암스테르담 외에도 위트레히트, 프라네커르, 레이던, 데벤테르, 에그몬트, 산트포르트, 엔데헤이스트 등을 전전했다. 암스테르담에서는 하녀 헬레나 얀스(Helena Jans)를 사랑하여 1635년 딸을 낳았지만 5살 때 세상을 떠났다(https://www.thebooktrail.com/authorsonlocation-1600s-amsterdam-descartes/).

10장

우리는 언제 그 섬에
갈 수 있을까

01

가슴 뛰는 생태 관광지로 부상한 '서해의 독도'

격렬비열도는 이제 그 이름만 들어도 가슴이 뛰는 섬이다. 문학작품과 언론을 통해 알려지면서 우리 국민들에게 '현실의 섬'과 '상상의 섬'이라는 중의적 의미의 섬이 되었기 때문이다. 현실적으로는 찬란한 한반도 문화와 중국 문화 등을 꽃피워 온 '환황해권 문화의 중심에 있는 섬'인 동시에 영토주권 수호의 관점으로 보면 반드시 지켜야 할 '서해의 독도'이다. 중생대 백악기인 7000만 년 전에 화산 분출에 의해 탄생한 이래로 청정한 환경을 그대로 간직한 섬이자 독도(460만 년 전)와 제주도(100만 년 전)보다 탄생의 역사가 오래된 생태 섬으로서 '서해의 갈라파고스'로 점차 각인되고 있다. 특히 격렬비열도 3개 주요 섬과 9개 부속 섬 가운데 유독 동격렬비도에서는 바위틈으로 고귀한 '생명수'가 흘러나온다.

아울러 상상의 문학 세계에서는 뜨거운 사랑의 메타포로 상징되는 섬이다. 낭만 가객(歌客)인 박정대 시인, 박후기 시인 등이 시적 상상력과 언어의 조탁 감각을 흠뻑 발산한 이후 아무도 제어할 수 없을 정도로 더없이 뜨겁지만, 얼음처럼 차갑기도 한 양면성을 지닌 '정열의 섬'이자 '판타지 섬'이 되었다. 급기야 사랑과 결부시켜 격렬비열도를 노래한 대중가요와 가수도 등장했다. 영사기의 조명처럼 섬에 투영되는 사랑과 정열에 대한 상상은 때로는 추위를 딛고 어느새 붉은 미소를 드러낸 동백꽃보다 수줍기도 하고, 추운 바닷바람에 늦추고 늦췄다가 결국 함박 터뜨린 오뉴월의 화려한 유채꽃만큼 뜨겁기도 하다.

구체적으로 격렬비열도는 첫째, 대한민국 최서단에 위치하고 있는 무인도, 둘째, 한반도 남쪽 서안에서 중국과 가장 가까운 대한민국 영토로 지리적·군사적 요충지이자 해양영토주권 수호에 긴요한 지역이라는 점, 셋째, 환황해 경제권의 중심에 위치한 섬으로서 탄생의 역사가 유구하고 풍부한 수산자원과 해양관광 자원의 보고로 보호 가치가 높은 무인도라는 점, 넷째, 각자의 경험과 추억을 바탕으로 사랑에 관한 색다른 생각과 명제를 이끌어내는 도피안적 오브제로서 무궁무진한 문학적 상상력을 자극하는 '판타지 섬'이라는 점에서 국민들의 주목을 받고 있다. 존재 가치, 보존 가치, 방문 가치, 연구 가치를 동시에 높이는 명분이다.

이런 가치를 고려한 듯 최근 들어 언론의 취재와 조명은 물론이고 의미 부여가 잦아져, 각급 행정기관장과 정치인들의 방문이 잇따르고 있다. 충청남도와 태안군은 정부를 상대로 섬의 국유화와 항만시설 확충 등을 소리 높여 건의하며 개발에 적극 나서고 있다. 2019년에는 격렬비열도 선박 접안 시설(인공 부두) 건설 청사진 연구 예산이 책정되어 정부에 제출되었다. 정부가 북격렬비도를 기술의 진보에 맞게 원격 조정되는 무인 등대의 섬으로 재편했다가 다시 예전처럼 등대원들을 파견한 것도 이런 노력의 출발점이다.

그러나 현재는 누구나 자유롭게 섬의 멋진 풍광과 아름다운 유채꽃을 쉽게 볼 수 없다. 일반인들에게 개방되지 않아, 매일 미리 예약한 소수의 제한된 인원이 섬으로 생태관광을 다녀오는 수준의 프로그램조차 마련되어 있지 않다. 태안해상국립공원의 일부로서 사람의 접근에 제약이 많은 '특정도서'로 환경부에 의해 지정된 데다 정기여객선 등 교통망이 없어 생태관광이나 자연 탐사에 대한 의지가 강해도 함부로 들어갈 수 없기 때문이다. 특정도서로 지정되면 환경보호 차원에서 원천적으로 입도(入島)가 불가능하다.

사람의 손길이 지나치면 섬의 자연환경이 훼손되기 쉽지만, 인적이 없을 정도로 손길이 뜸하면 관리 자체가 되지 않는다는 문제가 있다. 해양수산부 산하 대산지방해양수산청 소속 등대원들이 2교대로 15일씩 번갈아 가면서 북격렬비도에서 근무하고 있는 것이 유일한 사람의 흔적이다. 그 외에는 가의도 어민들이 간간이 섬 주변의 양식 자원들을 보살피거나 해양경찰청의 경비정, 충남도나 태안군 소속의 어업지도선이 인근 해역을 순회하는 정도다.

일반 여행객은 태안 안흥항이나 모항에서 고가(손님 1인당 10만 원씩 10명 정도 모아 선주와 선불 계약한 뒤 출항)로 낚싯배를 타고 낚시하러 너른 바다로 나가는 세칭 '출조(出釣)'나 수려한 풍광을 카메라앵글에 담으려는 '출사(出寫)'를 할 수 있다. 농어, 광어, 가리비, 옥돔 등 살진 고급 어종이 많으니 잦은 입질을 보는 맛에 푹 빠진 강태공들에게 이 해역의 낚시가 매력적이지 않을 수 없다. 수려한 섬의 풍광과 가마우지 등 서식하는 새떼들, 주상절리, 시스택 등의 기암절벽은 사진 애호가들을 불러 모으기에 충분하다.

전국적으로 낚싯배 이용객은 2016년 342만 명, 2017년 414만 명, 2018년 428만 명으로 매년 증가 추세에 있다. 태안과 격렬비열도 해역은 바다낚시의 최적지 가운데 한 곳이다. 낚싯배가 아니라면 보트를 빌려 가수 김달래의 「내 사랑 격렬비열도」를 들으며 몇 시간 동안 섬 주변을 둘러보는 관광 유람이나 해양 생태 탐험을 할 수도 있다. 요트를 빌려 숙박하며 해상 캠핑을 즐기는 이들도 더러 있다. 모항에서 카약을 타고 모항항 물때표를 휴대한 채 2박 3일간 장장 왕복 130km를 항해하는 사람들도 종종 나타나고 있다.

생활체육 및 레저 단체들에 의해 카약 투어, 카약 대회, 스킨스쿠버, 다이빙 대회 등 레저 이벤트가 인근 해역에서 종종 열리기도 한다. 특히 이벤트 투어 회사에서 카약 체험 투어를 모집해 실시하는 일도 늘어나고 있다. 섬 주변에는 전복 양식장도 운용되고 있어, 지근거리에 있는 가의도 어민들에게도 매우 중요한 섬이다.

▌격렬비열도행 낚싯배들과 인근 섬의 여객선이 오가는 안흥항 내항 정경 ⓒ김정섭

인터뷰

가요 「내 사랑 격렬비열도」를 부른 가수 김달래

태안의 주부 가수 김달래(본명 김은하, 현재 52세)는 방방곡곡에 널리 알려지지 않은 격렬비열도에 대한 사랑을 가득 담아 국민들을 상대로 섬의 존재와 가치를 널리 알리기 위해 2014년 4월 22일 〈내 사랑 격렬비열도〉라는 디지털 싱글 앨범(3분 11초 분량)을 냈다. 「곤드레 만드레」를 작곡한 작곡가 이승한 씨가 곡을 만들고 KBS 〈탑 밴드〉를 기획한 김광필 PD가 가사를 붙여 시네마천국(주)에서 제작했다.

"구름아 지치면 그림자로 누워라/ 파도야 외롭거든 하얗게 손짓하렴/ 새들아 지치면 날개접어 쉬어라/ 바람아 외롭거든 이리 내려오렴/ 까맣게 눈감아도 솟아나는 그리움/ 무인도는 오늘도 사랑이 그립다/ 격렬비열도 태안에서 바다백리/ 격렬비열도 세개의 섬 무인도/ 격렬비열도 서해 바다 우리의 땅/ 모진 세월 그리움은 하나로"라는 노랫말은 격렬비열도에 대한 사랑과 소중함을 환기시킨다.

가수 김달래는 2019년 11월 15일 필자와 인터뷰에서 "서해안에 가깝고도 먼 섬이 그 존재 가치를 제대로 평가받지 못한 채 제대로 관리되지 못하고 있어 노래를 통해 이 섬의 이름과 소중함을 널리 알리기 위해 앨범을 내게 되었다"라고 말했다. 그녀는 이 노래에서 "격렬비열도 태안에서 바다백리/ 격렬비열도 세개의 섬 무인도/ 격렬비열도 서해 바다 우리의 땅/ 모진 세월 그리움은 하나로"라는 후렴구가 격렬비열도에 대한 애정을 짙게 발산하는 핵심 구절이라고 강조했다.

가수 김달래는 1989년 KBS로 방송된 '89 한국 가요제'에서 길옥윤 작곡의 「안개 여인」을 불러 금상을 수상하며 가요계에 화려하게 데뷔했다. 이후 그룹사운드 '굿뉴스'와 '서울패밀리' 등에서 활동했다. 당시 이름이 같은 가수(이은하)가 있기도 했고, 친밀한 이미지를 살리는 것이 좋다고 판단해 편한 느낌의 '달래'라는 예명을 사용했다고 한다. 그러나 이후 톱스타들처럼 엄청난 대중적 인기를 얻지는 못했다.

전북 익산 태생으로 서울에서 학창 시절을 보낸 김달래는 가수 시절 어떤 분의 피로연에 참석했다가 그 자리에서 우연히 만난 태안 남자와 결혼했다고 한다. 이후 서울에서 살다가 2008년 큰 결심을 하고 남편의 고향인 안면도에 정착했다. 그곳에서 생활하며 잠시 멈췄던 가수 활동을 〈내 사랑 격렬비열도〉라는 싱글 음반을 내며 재개했다. 향후 많은 국민들이 찾을 '격렬비열도의 아이콘'이 될 가수로서 격렬비열도의 중요성과 가치를 널리 알리며 새로운 노래 인생을 일궈가겠다는 것이 포부다.

그녀는 "격렬비열도를 멀리 바라보고 있는 안면도는 바다, 갯벌, 염전, 논, 밭, 농장 등 다채로운 공간이 있어 경관의 매력과 정서적 충족감이 가득하기에 정말 살기 좋은 지역"이라며 익산, 서울에 이어 '제3의 고향'이 된 태안 안면도를 예찬했다. 노래를 하는 예술인으로서는 "향후 격렬비열도에 유람선이 뜨는 날, 그 배 위에서 관광객들에게 나의 노래가 널리 불려졌으면 하는 게 작은 소망"이라며 눈시울을 적셨다.

▌ 가수 김달래(왼쪽)와 음반 〈내 사랑 격렬비열도〉(오른쪽) ⓒ 김달래

02

영토주권 수호와 생태관광 활성화를 위한 플랜

현재 격렬비열도 인근은 중국 어선의 불법조업이 잦고, 사건·사고 발생이 우려되는 지역임에도 해양경찰이 출동할 경우 약 3시간이 소요돼 어민들의 어업권 보호는 물론이고 영해 관리마저 어려움을 겪고 있다. 이렇듯 여러 가지 문제가 걸려 있는 격렬비열도의 미래를 위한 청사진은 섬의 국유화와 국가관리를 통해 국토자원 및 어업권, 환경과 생태를 보호하고 태안 지역 경제 활성화를 위해 관광과 레저를 살리는, 즉 다목적 여행지로 개발하려는 방안에 모아져 있다.

엄연히 어선들과 화물선들을 안내하는 등대가 있음에도 피난시설이나 해경 함선 정박용 부두가 없어 기상이 악화되면 신속한 어선 피항(避港)과 재난 구호가 어렵다. 실제로 2015년 6월 15일 오전 10시 57분쯤 북격렬비도 북서방 10마일(약 20km) 해상에서 양망기 작업 중 롤러에 53세 남성의 손가락이 끼어 골절이 되는 사건이 발생했지만, 인근에 신고센터가 없어 멀리 해경의 인천상황센터를 경유해 태안상황센터로 구조를 요청한 사례가 있다.

▌격렬비열도 항만시설 구축과 개발 논리

안보	안보와 국방의 가치를 극대화하는 국가 차원의 공적관리를 통해 대한민국 서해 최서단 영토주권 수호, 중국과의 해양영토 분쟁 사전 차단
경제	수자원 보호, 중국 어선의 불법조업 차단 및 관리, 우리나라 어선 등 선박 피항지(避港地)로서의 기능 강화로 구조와 위기관리 비용 절감
환경	청정 무인도, 멸종위기종 동식물과 희귀 동식물 다수 서식, 난대식물의 최북한계선 등 섬이 갖고 있는 환경·생태적 가치와 생물다양성 보존
기후	파고, 파향, 조위, 지진, 해일, 쓰나미, 태풍 경로 예측, 해수면 상승 등 기상관측, 기후변화 대응, 중국발 미세먼지 계측 등 환경오염 감시
관광	환황해권 중심지로 환경·생태 관광, 관광 유람선 취항, 레저 관광(사진, 낚시, 스킨스쿠버, 요트, 카약) 진흥과 관광객 유입에 따른 지역 경제 활성화

아울러 격렬비열도 인근 해역은 기후 특성상 풍랑이 거센 데다 어선과 낚싯배가 많이 지나다녀 각종 해상 사고가 끊이지 않고 있는 지역이다. 낚싯배 관련 사고는 전국에서 2016년 208건, 2017년 263건, 2018년 228건 등 매년 늘고 있으며, 그런 만큼 풍랑이 거친 데다 낚시 손님이 유독 많은 이곳은 전혀 안심할 곳이 못 된다. 이곳 해역에 폐어구, 건자재, 철제 구조물 등 해상 표류물이 밀려오거나 무단 투기한 쓰레기가 떠밀려 오는 일도 늘어나고 있다.

해상 사고에 즉각 대응할 전진기지 구축의 필요성은 빈번한 사고 사례를 보면 금방 확인된다. 가까운 일례로 2019년 4월 30일 오전 7시 50분쯤에는 격렬비열도 인근 해상에서 9.77톤급 낚시 어선 기관실에 불이 나 태안해양경찰서는 경비함정과 헬기 등이 긴급 출동하여 3시간 20분 만에 화재를 진압하고 선장과 선원, 낚시 손님 등 19명을 구조했다.

2018년 4월 16일에는 태안 해경이 격렬비열도 남동쪽 14해리(약 26㎞) 해상에서 9.77톤급 자망 어선을 타고 조업 중 절단된 로프에 맞아 다리가 골절된 채 바다로 추락한 60세 선원 백모 씨를 구조해 경비함정으로 긴급 후송했다. 2018년 9월 5일에는 격렬비열도 남서쪽 24㎞ 해상에서 32톤급 채낚기 어선이 스크류에 어망

■ 해양경찰 경비정이 정박 중인 태안 안흥 외항 기지 ⓒ김정섭

이 감기는 사고로 표류하여, 신고를 받고 출동한 해경이 승선원 14명 모두를 긴급 구조했다.

그간 격렬비열도를 국가관리 연안항으로 지정하기 위해 충청남도는 관할 대산지방해양수산청을 통하여 해양수산부에 2012년 1월과 2015년 5월 두 차례나 신청을 했다. 그러나 당시 수심, 지형, 항만 입지의 열악을 이유로 항만 개발 부적합 판정을 받았다. 따라서 앞으로는 격렬비열도의 지정학적 가치와 해양 생태 및 관광자원 개발 등 전략적 중요성과 문화관광적 가치 등을 모두 반영해 이를 돌파할 필요가 있다.

한국해양수산개발원은 2017년 2월 22일 세종시에서 '2017 전국 해양수산대토론회'를 개최하면서 "서해 격렬비열도가 한중 간 EEZ 협상 재개, 중국 어선의 불법 어획 증가, 해양관광 증가 등으로 위상과 중요성이 높아지고 있다. '국가관리 연안항'으로 지정해 정부 차원의 종합 관리 대책을 마련해야 한다"라고 건의했다(최지연·김민수 외, 2017). 한 연구원은 격렬비열도가 해양영토 수호의 거점, 해양관광 활성화, 해양생물 다양성과 풍부한 수산자원 등의 전략적 가치를 보유하고 있다고 평가했다. 이 자리에서 충남도청 맹부영 해양수산국장은 "해경 등 해양영토 수호 활동 지원, 선박 피항지, 여객선(마리나, 유람선) 접안 시설 확보를 위해 '국가관리 연안항' 지정 및 개발이 시급하다"라고 설명했다.

격렬비열도에 해경 경비정이 정박할 부두와 해양수산부 서해어업관리단의 어업 지도선이 오가는 부두를 개발해 시설할 경우 출동 시간이 단축되어 불법 어업 관리 및 단속이 수월해진다. 기상이 악화될 경우 우리 선박들의 긴급 피항과 어민들의 응급구조는 물론이고, 중국 어선들의 불법조업에 대한 사전 대응도 한결 쉬워진다. 태안해양경찰서와의 거리가 55km가 단축되기 때문에 이 같은 주장은 설득력을 얻고 있다(한국해양수산개발원, 2018). 현재 격렬비열도 인근에는 해경 경비함정의 피항 시설이 없어 격렬비열도로부터 약 51.4km 떨어진 충남 보령군 소재 외연도(外煙島) 해상으로 피항을 하고 있는 실정이다.

해양과학기지를 구축할 경우 기상관측과 기후변화 대응, 중국에서 불어오는 미세먼지 계측 등 환경오염 감시, 수산자원 보존, 해양생물 다양성 보존, 해양 생태관광 등의 목적을 한꺼번에 충족시킬 수 있다. 특히 국민적 관심사인 미세먼지는 물론이고 파고(波高), 파향(波向), 조위(潮位), 지진, 해일, 쓰나미, 태풍 경로 예측, 해수면 상승 감시 등에서 뚜렷한 성과를 거둘 것으로 보인다. 아울러 다양한 동물상(動物相, fauna)●과 식물상(生物相, flora)●●, 풍부한 어족, 맑고 수려한 산책로와 숲을 기초로 해양관광 자원도 개발해 생태관광과 연계할 수 있다.

해양수산개발원은 2018년 태안군이 의뢰한 연구용역 보고서에서 "격렬비열도 주변 해역은 해양 생물의 서식, 산란, 보육장으로서 가치가 높고 서해 중부 해역을 정화해 주는 오아시스 역할을 하고 있으나 섬과 주변 해역에 대한 해양환경 및 생태 정보 조사와 구축은 미흡한 실정"이라고 진단했다. 해양수산개발연구원은 이어 "이어도, 가거도, 소청도 해양과학기지와 연계하여 격렬비열도 서방 약 4~5km 해역에 '격렬비열도 해양과학기지'를 건설해야 한다"라고 제안했다(한국해양수산

● 특정 지역이나 수역에 살고 있는 동물의 모든 종류를 뜻한다. 서식지에 따라 육상동물상, 고산동물상, 담수동물상, 연안동물상, 해양동물상 등으로 분류하고, 부류에 따라 곤충동물상, 연체동물상 등으로 나눈다.

●● 특정 지역에 생육하고 있는 식물의 모든 종류로, 서식 기원 특성에 따라 극지 요소, 동아시아 요소, 온대남부 요소, 아열대 요소, 특산 요소 등으로 구분하기도 한다.

▎ 고기잡이 체험에서 우럭을 잡은 아이 ⓒ태안군

▎ 태안 특산물인 전복을 분류하는 모습 ⓒ태안군

개발원, 2018).

격렬비열도에 항만시설이 만들어져 운용되면 해양영토주권의 강화, 해양교통 종합 전진기지, 재해 방지 및 해양환경 보전 기능 강화, 해상 관광자원화를 통한 지역 경제 부흥에 기여하게 된다. 해양수산개발원은 같은 보고서에서 항만을 설치할 경우의 경제적 편익 효과는 수자원보호 효과 연간 75억 6477만 원, 연간 유류비 절감 효과(해경 경비정 13억 2082만 원, 어업 지도선 연간 4억 원) 15억 원 등 총 153억 원으로 추산했다.

현재의 설비 여건과 상황에 놓인 태안 해경이 격렬비열도나 인근 임무 해역 (210km, 113.4해리)에서 작전을 잘 완수하려면 족히 일고여덟 시간이 소요된다고 한다. 해경 경비정의 경우 경북 울릉도에서 독도까지의 거리는 47해리로 약 3시간, 인천 백령도에서 인근 임무 해역 50해리까지는 약 3시간이 걸리는 것을 감안하면 지나치게 많은 시간이 소요됨을 알 수 있다.

2017년 11월 6일 충남연구원에서 열린 '해양수산 전국포럼 충남세미나'에서 안완수 대산지방해양수산청 청장은 "격렬비열도를 국가관리 연안항으로 지정 및 개발해 해양주권 강화, 수산자원 보호, 생태관광 거점으로 관리할 필요가 있다"라고 밝혔다(김민수·김연수 외, 2017). 또한 2018년 6·13 지방선거에서 여당인 더불어민주당은 태안 안면도 국제해양관광특구 지정 추진을, 제1야당 자유한국당은 안면도 등 관광특구 지정 추진과 격렬비열도 관광자원화를 공약했다(최지연·황재희·전현주, 2018). 태안반도와 격렬비열도를 핵심축으로 관광의 길을 튼다는 목적은 여야가 똑같다.

충청남도는 격렬비열도에 항만 기반시설을 확충하고 전면 유인도(有人島)로 전환할 것을 촉구했다. 여기에 한국관광공사, 코레일, 운송회사, 민간 관광업체와 연계한 절경 관광 코스 개발도 고려하고 있다. 양승조 충남지사는 2012년 전임 지사에 이어 2019년 5월 9일 격렬비열도를 직접 찾아 섬의 생태와 시설을 점검하고 격렬비열도를 국가관리 연안항으로 지정해 줄 것을 요구했다. 양승조 지사는 이 자리에서 격렬비열도가 '국가관리 연안항'에 지정되고 '제4차 항만기본 계획'에도 반영되도록 충남도 차원의 역량을 결집해 줄 것을 주문했다.

이에 앞서 충청남도는 2012년 격렬비열도 주변 도서와 연계한 해양관광 자원의 확보 및 개발 방안 등을 마련한 뒤 국비 확보에 나섰다. 개발 계획의 내용은 바다낚시와 유람선, 요트 등 레포츠 및 주변 도서와 연계된 관광상품 개발, 격렬비열도에 민간인 거주 추진, 선박 접안 시설 등 관광 기반 시설 구축 등을 골자로 하고 있다. 충청남도는 이때부터 이미 격렬비열도를 개발할 청사진 마련을 위한 연구용역, 방파제 시설 공사, 자연생태 공간 조성 등에 적지 않은 예산을 투입했다. 충청남도는 해양수산부가 '항만법'에 따라 10년 단위로 수립하는 국가항만기본계획에 격렬비열도를 포함시켜 '국가관리 연안항'으로 지정해 주길 바라고 있다. 이런 바람은 태안군도 마찬가지다.

충청남도와 태안군은 격렬비열도가 난대식물의 북한계선에 있는 절해고도의 생태 섬으로서 자연 훼손 우려나 개발 여건 불리 등의 애로점이 있지만, 남한 최서단에 위치해 지리적·군사적 요충지인 점과 해상교통 안전과 해양영토 보전 등의 국가적 가치와 현실적 필요성을 감안하여 국가관리 연안항으로 반드시 지정해야 한다는 입장이다.

'국가관리 연안항'은 '항만법' 제3조에 "국가안보 또는 영해 관리에 중요하거나 기상 악화 등 유사시 선박의 대피를 주목적으로 하는 항만"으로 규정되어 있다. 격렬비열도는 어민들의 고기잡이에 다양한 편의를 제공하고 사고가 발생할 경우 해경 함정의 출동 시간을 대폭 줄여주는 부두 시설이 위치할 수 있는 요충지이자, 폭풍·해일 등 기상이 악화되거나 선박 고장, 조난, 화재, 침몰과 같은 긴급한 수난 사고가 발생할 경우 긴급 피항 시설로 활용할 수 있는 기지로서의 기본 자격 요건이 된다.

다가올 제4차 국가항만기본계획 수립은 2021~2030년에 해당하는 정책이다. 해양수산부는 2018년 6월 한국해양수산개발원에 연구용역을 의뢰해 '격렬비열도 종합관리방안'을 마련하고 충남도와 태안군, 해경 등의 정부기관과 항만업계, 학계 전문가, 항만 이용자들의 의견을 수렴하여 구체적인 계획을 머지않아 최종 확정한 다음 이를 확정·고시할 예정이다.

관할 태안군은 2018년 8월 8일은 국가가 지정한 국가기념일인 '섬의 날'을 맞아 이미 '태안군 도서발전 종합계획 수립용역' 최종 보고회를 개최했다. 격렬비열도 등 관할 114개 섬의 활성화를 위한 마스터플랜 수립 구상을 구체화한 것이다.

아울러 이날 격렬비열도 인근 해역을 상대로 어업 지도에 나설 105톤급 '태안격비호(泰安格飛號)'를 새로 건조해 군수, 공무원, 지역민, 언론인 등 이해관계자들을 태우고 첫 취항 길에 나섰다. 민선 7기 가세로 태안군수는 섬에 대한 깊은 사랑을 토대로 태안군의 실질적 영토를 넓히는 '광개토사업'의 일환으로 격렬비열도를 본격적으로 관리 및 개발하는 계획을 이미 발표하고 실행에 나서고 있다.

관련 연구용역 가운데 한국해양수산개발원과 충남연구원이 공동연구 한 '태안군 도서발전 종합계획 수립용역' 보고서의 골자는 외국인 토지거래허가구역으로 지정돼 있는 영해 기점 무인 도서인 서격렬비도를 중심으로 영구 시설물을 설치하고, 무인 도서 현황도를 제작하는 등 영토 관리 차원의 정책과 국가관리 연안항 지정 추진 등의 사업을 추진해야 한다는 것 등이다. 가세로 태안군수는 이를 토대로 인근 및 상급 지차제와 함께 섬의 국가관리 연안항 지정 등의 추진을 위한 연대를 강화했다.

이런 노력에 따라 충청남도 지역 15개 시군의 시장과 군수로 구성된 충남시장군수협의회는 2019년 5월 27일 당진시청에서 만나 사유지인 동·서 격렬비도의 국가 매입과 북격렬비도 국가관리 연안항 지정을 제4차 전국 항만 기본계획에 포함해 줄 것을 바라는 공동 건의문을 채택했다(이은파·박주영, 2019). 이는 태안군수가 주도한 정책 건의였다. 격렬비열도를 서해 거점 항만 및 전진기지로 개발하면 영해와 공해 사이에 위치한 배타적경제수역의 면적이 좀 더 단축돼 해양영토의 효율적 관리가 가능해질 것이라는 논리도 이런 건의의 배경이 되고 있다.

이에 앞서 충청남도의 싱크 탱크인 충남연구원(당시 명칭 '충남발전연구원')은 2012년 격렬비열도를 이용한 생태 친화적 관광진흥을 위해 섬 옆에 부두와 편의시설을 구비할 인공섬 건설을 제안했다(권영현·이인배, 2012). 섬을 직접 개발해 자연을 훼손하지 않고, 선박 접안 시설과 기본적인 편의시설을 구축할 인공적인 시설물을 설치하여 본격적으로 생태 및 레저 관광에 나서겠다는 취지다. 충남도청에 이어 해양수산부 서해어업관리단도 한국해양수산개발원에 의뢰하여 완성한 2018년 연구보고서를 통해 인공섬 건설을 제안했다.

충남도청이 기존에 등대가 있는 '북격렬비도 항만 신축안'을 선호하는 반면 해양수산부 서해어업관리단은 3개 섬 가운데 면적이 가장 넓고 식생이 매우 풍부하여 생태관광지로서의 가치가 높은 '동격렬비도 항만 신축안'을 원하고 있다. 특히 해양수산부의 우선순위처럼 동격렬비도에 항만을 구축할 경우 방파제 등 외곽시설 308m, 해경 부두 260m, 어업지도선 부두 100m 등 경제적인 규모로 만들어질 가능성이 높다.

선박 접안 시설은 해양 경비는 물론 선박 피항용이나 응급사고 대처용으로도 쓰이지만 관광 레저 활성화 목적으로도 활용된다. 카약, 스킨스쿠버, 다이빙 동호인 등 수상레저 인구가 점점 증가하고 있는 것도 선박 접안 시설의 활용도 향상을 기대할 수 있는 대목이다. 일례로 2020년 7월 16일부터 18일까지 2박 3일간 태안군 주최로 태안 신진도에서 격렬비열도에 이르는 해역 120km를 왕복 주파하는 '격렬비열도 챌린지'에는 전국에서 아마추어 카약커(kayaker) 46명이 참여함으로써 비경이 어우러진 격렬비열도 카약 루트의 매력을 재확인했다.

해양 레저 수요의 증대에도 불구하고 동호인들이 국내에서 마땅히 즐길 만한 곳이 없어 동남아로 떠나면서 국부가 유출되고 있는 만큼 해당 기관들은 선박 접안 시설 신축을 통해 관련 수요를 이 해역으로 이끌 수 있다고 판단하고 있다. 충

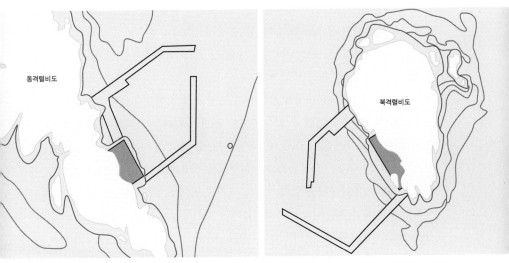

▌ 해양수산부 서해어업관리단이 선호하는 '동격렬비도 항만 신축안'(왼쪽)과 충남도청이 선호하는 '북격렬비도 항만 신축안'(오른쪽) 자료: 한국해양수산개발원(2018).

남연구원은 같은 보고서에서 우선적으로 다이빙의 최적지인 점을 고려해 해외로 유출되는 다이빙 수요를 국내로 흡수하고 해외 다이버들을 유치할 수 있도록 이 섬에 '다이빙 포인트'를 조성할 것을 제안했다. 격렬비열도는 서해에서 가장 손꼽히는 다이빙 포인트로 서해 연안의 황토빛 섬들과는 달리 남해나 제주도의 섬들처럼 짙은 회색의 현무암으로 이루어져 미적인 면에서도 매력이 높다는 것이다.

또한 연안과 달리 시야가 좋고 해양생태계가 건강하게 살아 있어 다이빙을 즐기는 데 외적 여건도 우수하다. 그러나 다이빙 포인트에 따라서 수심이 다양하고 조류의 강도가 달라 인공적으로 조성된 다이빙 포인트보다는 위험성이 높아 사고 예방을 위해 반드시 다이빙 클럽이나 관련 숍 강사의 안내를 받아서 입수해야 하는 문제점을 안고 있다.

충남연구원이 제안한 인공섬은 스쿠버다이버들의 안전을 도모하고 날씨에 영향을 받지 않는 다이빙을 위해 필요한 시설이다. 인공섬을 조성하면 조류를 느리게 하며 초보자도 이용할 수 있는 안전한 환경을 형성하는 역할을 할 뿐만 아니라 고급 코스의 다이버들도 함께 준비하고 머무를 수 있는 쉼터 같은 역할을 수행한다.

다이빙을 위한 인공섬은 격렬비열도 주변 해안에 방파제를 갖춘 만(灣)형태로 축조해 요트를 정박할 수 있도록 하며, 섬 밑에 다이버들이 준비하고 머무를 수 있는 20~30m의 공간 또한 만들어 해저로 나갈 수 있게 디자인되어야 한다. 더불어 인공섬에 스쿠버다이빙 교육을 할 수 있는 시설 등 인프라와 강사 등을 두어 관광객들이 보다 쉽게 스쿠버다이빙을 접할 수 있는 기회를 마련해야 한다고 제안했다. 이렇게 되면 관광객을 유인할 수 있는 수단이 되며, 주변 환경과의 연계를 통해 태안의 관광자산으로 활용할 수 있는 계기가 될 것이라 충남연구원은 판단하고 있다.

관할 지방자치단체인 태안군은 격렬비열도를 관광지로 조성하는 계획을 이미 발표했다. 전·현직 군수의 구상과 사실상 일치한다. 현 가세로 군수 바로 직전의 한상기 군수는 2015년 6월 12일 "격렬비열도는 지리적·군사적으로 중요한 곳이라 섬의 특성을 활용해 관광지로 개발하고 어민 소득을 높이는 방안을 모색하겠다"라고 밝혔다(신진호, 2015).

현재 격렬비열도의 지정학적 중요성과 생태적 가치, 문화·생태 관광산업 기지로서의 잠재성을 고려한 발전 계획은 이미 각급 지방자치단체와 지역사회에서 컨센서스가 이뤄졌다. 태안군 또한 정부의 국가관리 연안항 지정과 항만 신축 결정에 따라 구체안을 실행할 날만 기다리고 있다. 태안군은 섬 주변에 가의도, 옹도, 난도, 병풍도 등 크고 작은 섬이 많아 격렬비열도와 연계한 블록화 전략으로 관광자원을 구축하기에 더없이 좋은 기회라 판단 중이다. 특히 몰디브와 같은 이국적 풍경을 연출하여 천혜의 절경으로 떠오른 학암포 앞바다의 장안사퇴와 격렬비열도를 두 축으로 잇는 관광코스를 개발할 경우 더욱 매력을 발산할 것으로 기대되고 있다.

| 북격렬비도에 접안 중인 모터보트 ©김정섭

구체적으로 현재 태안군은 현재의 연안항로망을 연장해 안흥항에서 격렬비열도까지 정기 유람선을 운항하고, 섬에 캠핑장을 설치하는 방안을 마련했다. 적지로 추천된 동격렬비도나 북격렬비도에 연안항●을 구축할 경우, 현재 안흥항에서 가의도까지 운항하는 관광 유람선 노선을 격렬비열도까지 확장해 새로운 관광 인프라를 구비할 가능성이 높다. 과거에도 이런 운항 계획을 세운 적이 있다. 배를 댈 수 있는 항만시설이 먼저 만들어지면 항로가 개발되고 관광상품이 준비되는 등 관광개발의 활로가 트일 것이다.

현재 가의도까지는 안흥항에서 신진도를 왕복하는 안흥유람선(안흥 외항인 신진도항), 21세기유람선(안흥 내항) 등이 운항되고 있기에 항구가 만들어지고 노선

●　해양수산개발원은 태안군이 의뢰한 연구 용역 보고서 「격렬비열도 종합관리방안 연구」에서 방파제와 선박 접안 시설 구축 등 동격렬비도 항구 전체를 건립하는 비용으로 2679억 원~3357억 원을 추산했다.

연장 허가를 받으면 격렬비열도 여행도 한층 수월해질 것으로 보인다. 이 과정에서 태안군 등 지자체가 특히 유념해할 것은 갑작스러운 격랑에도 '안전 운항'을 담보할 수 있는 여건을 사전에 제도화하는 것이다. 한마디로 내구성 강한 몸체에 첨단 안전설비를 갖춘, 새로 건조된 큰 배가 운항되도록 조치해야 한다는 점이다.

우리 국민들은 그간 충격적인 해난 참사를 많이 경험했다. 낡은 배와 내팽겨진 안전 의식이 가장 큰 원인이었다. 격렬비열도를 오가는 유람선들은 공해상 가까이에 있는 섬까지 장거리를 운항하게 된다. 따라서 새로 건조한 최신식 시설을 갖춘 대형 유람선이 필요하다. 현재 안흥항에서 가의도 등 인근 섬을 운항 중인 선박의 규모로는 적절하지 못하다. 선원과 승객에 대한 안전교육도 한층 강화하고 구명조끼 등도 기술의 진보에 부합하는 더 가볍고 착용이 편리하며 스마트한 기능까지 제대로 갖춘 것으로 구비해야 한다.

격렬비열도 거점의 관광과 물류 프로젝트는 충청남도와 태안반도를 끼고 있거나 인접한 지자체들(태안, 서산, 당진, 아산)의 합동 구상에 따라 머지않아 구체적인 그림이 그려질 것으로 보인다. 한중 우호관계의 강화 및 양국 간 물류량 증가에 따라 우리나라(남한) 기준 양국 간 육지 최단거리(339km)인 태안반도와 산둥반도를 직선으로 편도 5시간에 주파하는 국제 쾌속선 항로[충남 서산시 대산항-중국 산둥성 웨이하이(威海)]가 신설되어 예정대로라면 2022년에 취항한다. [●] 이어 오래전에 제안된 한중 해저터널(341km) 건설안이 경제성 미약 진단^{●●}에 따라 중단되었

● 2010년 제18차 한중 해운 회담에서 충남 서산시 대산항-산둥반도 웨이하이시 룽청시(榮成市) 룽옌항(龍眼港) 항로(339km) 개설이 합의되었다. 이후 한중 양측은 2017년 중 서산-룽청 항로를 운항하는 선박 확보와 한중 합작 법인 설립 등을 마무리 짓고 협의에 따라 '한성페리'를 취항시킬 예정이었으나 사드(THAAD: 고고도미사일방어체계) 이슈와 몇 가지 이견 등의 여파로 계획이 미뤄졌다. 오랜 공백을 거쳐 2019년에 열린 양국 해운 회담에서는 계획한 항로(대산항-룽청항)보다 31km 더 먼 웨이하이시 웨이하이항(威海港)에서 대산항까지(370km)로 노선을 변경해 웨이하이의 '교통페리'가 새로운 배(2만 5000톤급, 승객 1000여 명과 컨테이너 250개 탑재)를 건조해 2022년부터 취항하기로 했다. 웨이하이는 인구가 300만 명에 이르는 큰 도시다.

●● 국토해양부는 2011년 1월 5일 한국교통연구원에 의뢰한 연구 보고서를 통해 인천-웨이하이 341km, 화성시-웨이하이 373km, 평택·당진-웨이하이 386km, 옹진-웨이하이 221km 등 4개 노선의 한중 해저터널에 대해 경제성 검토 결과 100조 원대의 막대한 비용에 비해 비용편익비(B/C)는 타당성 수준인 0.8에 크게 못 미쳐 계획 추진을 중단한다고 밝혔으나, 2018년부터 충청남도와 태안·서산·아산 등 산하 지자체가 상황 변화를 주장하며 지역발전 공약으로 다시 한중 해저터널을 적극 추진하고 있다.

▌ 태안군이 2020년 7월 16일부터 18일까지 마련한 '격렬비열도 챌린지'에 전국의 카약커 46명이 참여해 육지에서 60km를 달려 격렬비열도 해역에 이르고 있다. ⓒ태안군

▌ 하늘에서 내려다본 모래턱 '장안사퇴'의 비경 © 태안군

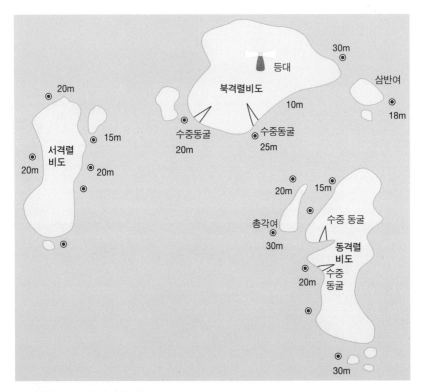

▌다이빙 지도 ⓒ파란섬 스킨스쿠버

자료: 파란섬 스킨스쿠버, http://www.paransum.co.kr/Main/body/tour/tour_details.asp?loc=105&locs=
   105001.

음에도 불구하고 장기적 관점에서 추진 논의가 다시 불붙고 있다. 따라서 양 노선
의 경로에 있는 격렬비열도의 가치와 위상은 장기적으로 더욱더 강화될 것으로 보
인다.

   현재 상태에서도 정부가 정책 결정만 하면 격렬비열도 중심의 관광을 우선적
으로 추진할 수 있다. 가장 먼저 문학과 민속문화를 테마로 한 문화예술 관광, 자
연을 토대로 한 환경·생태 및 해양과학 탐사 관광, 호국·안보 관광을 실행할 수
있다. 이어서 점차 낚시·카약·스킨스쿠버 관광, 사진 촬영 관광 등으로 확대할 수
있을 것이다. 문재인 정부가 출범 당시부터 해양영토 수호와 해양 안전 강화를 국

정 과제에 포함시킨 데다 야당도 이에 동의하고 있다. 현재 섬의 공적관리 방안과 관광상품의 모델 개발을 놓고 해양수산부, 환경부, 문화관광부, 충청남도, 태안군, 한국관광공사가 중지를 모으고 있으니 머지않아 멋진 청사진이 나올 것 같다. 모든 구상과 계획들을 하나둘씩 구체화하여 격렬비열도가 머지않아 누구나 갈 수 있는 섬이 됨으로써 전 국민은 물론이고 외국인들에게도 큰 사랑을 받길 기대한다.

▌하늘에서 내려다본 모래턱 '장안사퇴'의 비경 ⓒ태안군

참고문헌

강보람. 2013.3.26. "고려·조선 걸쳐 500여 년간 '육전칠기 도전' 세곡 운반 성공: ⑫ 운하의 역사". ≪대전일보≫.

국방부 해군본부. 2019.11.20. 「정보공개 청구 답변서」(접수번호 6181246).

국토교통부 국토지리정보원. 2017.5.4. 「대한민국 극점 현황(북한 포함) 발표 자료」.

권영현·이인배. 2012. 『격렬비열도의 역사적, 지리적, 환경적 고찰』. 충남발전연구원.

≪경향신문≫. 1972.2.10. "무인도 조난사고 배 안 보낸 선주 입건". 7면.

≪경향신문≫. 1979.2.12. "경찰 '무인도 조난은 사전 계략', 주민 '유사시 무전 부탁했을 뿐'". 7면.

≪경향신문≫. 1979.2.16. "'경찰관 5명 징계', 약초상 조난 관련". 7면.

≪경향신문≫. 1979.2.16. "도선 선장 구속". 7면.

김기혁 외. 2010. 『한국지명유래집: 충청편 지명』. 국토지리정보원.

김대숙. 1988. 「문학적 제재로서의 용(龍)의 변용」. ≪국어국문학≫, 100호, 119~125쪽.

김민수 외. 2017. 「지역균형발전, 해양수산에서 답을 찾다: 해양수산 전국포럼 충남 지역 세미나 지상 중계」. ≪KMI 동향분석≫, 56호.

김보광 외. 2016. 『전근대 서울에 온 외국인들』. 서울역사편찬원.

김태욱·한경혜. 1977. 「격렬비열도의 식물상」. ≪한국자연보존협회 조사보고서≫, 12호, 53~66쪽.

김상기. 1984. 『신편 고려시대사』. 서울대학교 출판부.

김영구. 1996. 「한중간 어업 협력 문제에 관한 국제법적 고찰」. ≪인문사회과학논총≫, 4호, 115~148쪽.

김재원·윤무병. 1959. 『1954년도 서해도서 학술조사단 역사·고고반 조사 보고』. 을지문화사.

김종대. 2001. 『우리 문화의 상징 세계』. 다른세상.

김준환·유희성. 2014.8.10. "충남 최서단島 격렬비열도 국유화 난항". ≪중도일보≫.

김지하. 2005. 「동아시아의 바다와 해양문학」, ≪청곡 김덕삼의 '풍수지리적 접근인 물의 시대를 말한다'를 인용한 김지하 시인 초청 강연회≫(목포대 박물관, 2005.05.03),

1~19쪽.

김현수. 2013. 『해양경찰 역량 강화를 위한 해상 관할권 행사 범위 및 그 법적 한계에 관한 연구』. 해양경찰청.

김훈수. 1962. 「한국 서해 제도(西海 諸島) 연안의 게류 분포상(分布相)」. ≪동물학회지≫, 6권 2호, 51~55쪽.

김훈수·이경숙. 1977. 「동격렬비도, 석도, 궁시도의 해양동물 채집 보고」, ≪한국자연보존협회 조사보고서≫, 12호, 97~101쪽.

신순호. 1996. 『한국 도서백서』. 목포대 임해지역개발연구소.

≪동아일보≫. 1979.2.10. "선장 영장, 선편 약속해 놓고 딴 사람에게 배 팔아". 7면.

≪동아일보≫. 1979.2.12. "무인도 조난 발표 아리송, '약초꾼, 등대수 사전 약속 조작극' 도 경 발표에 일선 서에서는 '증거 없다'". 7면.

문경호. 2016. 『서해 최대의 험로 안흥량과 굴포운하』. "환황해권(環黃海圈) 해양교류와 미래" 발표 자료(2016년 전국해양문화학자대회 제2분과 "항로와 해역, 그리고 경계"), 170~175쪽.

문화콘텐츠닷컴. "전통신 오방대제-용왕". http://www.culturecontent.com/content/ contentView.do?content_id=cp022401120001.

박남수. 2016. ≪한국 고대, 목면과 향료의 바닷길≫. 경인문화사.

박동훈·이성환. 2012. 「한·중 간의 실재적 국경과 내재적 국경의 상호 작용」. ≪국제정치연구≫, 15권 1호, 257~279쪽.

박병석. 1979.2.12. "무인도 조난은 연극: 등대수·약초상, 사전에 '구조' 약속". ≪중앙일보≫, 7면.

박종기. 2016. 『고려시기 해상 교류의 성격: 번성론과 소극론』. "고대 해상 세력의 교류문화" 발표 자료(2016년 전국해양문화학자대회- 제1분과), 105~111쪽.

박정대. 2001. 『내 청춘의 격렬비열도엔 아직도 음악 같은 눈이 내리지』. 민음사.

박춘석. 2002. 『조선왕조실록: 태안편』. 에스티엔.

박춘석. 1993. 『태안의 지명』. 태안문화원.

신유항·주용규. 1977. 「격렬비열도 하계 곤충상(昆蟲相)에 관하여」. ≪한국자연보존협회 조사보고서≫, 12호, 85~96쪽.

신진호. 2015.6. "격렬비열도에 캠핑장, 난지섬 연도교⋯충남 서해안 섬, 관광자원 개발 본격화". ≪중앙일보≫.

안세진·서지원·성효현. 2019. 「한반도 연안 해양지형에 대한 시공간적 인식의 변화: 18세기 후반부터 20세기 중반 해도에 나타난 한반도 연안 해양 지명을 중심으로」. ≪대한지리학회지≫, 54권 3호, 301~319쪽.

양상하·장윤덕·원용강. 1979.2.8. "무인 도서 44일 12명 극적 구출". ≪동아일보≫, 7면.

엄경희. 2003. 「박정대의 시세계: 추운 음악들」. ≪계간 서정시학≫, 13권 2호, 74~85쪽.

오규칠. 1977. 「안흥 서방 10개 도서(島嶼)의 기후와 식생」. ≪한국자연보존협회 조사보고서≫, 12호. 67~83쪽.

유자후. 2019. 『베개의 유래』. 온이퍼브.

윤명철. 1996. 『동아지중해(東亞地中海)와 고대시대(古代日本)』. 청노루.

윤명철. 2016. 『환황해권(環黃海圈)의 해양 역사상과 발전 정책: 백제모델』. "환황해권 해양교류와 미래" 기조발제 자료(2016년 전국해양문화학자대회), 36~52쪽.

윤병노. 2019.1.11. "31전대 핵심 전력…한반도 주요 항만서 소해작전 맹활약". 「군함이야기」. ≪국방일보≫.

윤병노. 2019.2.15. "대구함, 섬과 섬 사이 전속력 추적… 간첩선 잡는 '저승사자'". 「군함이야기」. ≪국방일보≫.

윤열수. 1999. 『용(龍) 불멸의 신화』. 대원사.

윤용혁. 2010. 「고려시대 서해 연안 해로의 객관과 안흥정」. ≪역사와 경계≫, 74집, 29~57쪽.

이귀영. 2018. 『수중 출수 유물로 본 동북아 해역의 문화교류』. "동북아시아와 문화교류" 발표 자료(동북아시아문화학회 2018년 제37차 추계연합국제학술대회).

이은파·박주영. 2019.5.27. "당진항 매립지 수호·미세먼지 문제, 충남 지방정부 공동 대응(종합)". ≪연합뉴스≫.

이윤규. 2014. 「북한의 도발사례 분석」. ≪군사≫, 91집, 63~110쪽.

이인규·유순애. 1977. 「서해 격렬비열도의 하계 해조상(海藻相)에 대하여」. ≪한국자연보존협회 조사보고서≫, 12호, 103~120쪽.

이재언. 2016. 「새들도 쉬어가는 서쪽 끝 3형제 섬 격렬비열도」(열린 충남 코너). ≪충남리뷰≫, 76호, 53~59쪽.

이중환. 1751. 『택리지』. 이익성 옮김. 을유문화사.

이진한. 2011. 『고려시대 송상 왕래(松商 往來) 연구』. 경인문화사.

이하영·강준남. 1977. 「서해 격렬비열도 일대 지질」. ≪한국자연보존협회 조사보고서≫, 12호, 33~52쪽.

임영주. 1998. 『한국전통문양』. 예원.

전해수. 2015. 『간절하고, 눈물겹고, 비통하고, 원망스런 사랑이어』, 398~409쪽. 실천문학사.

정명생 외. 2015.12.30. 『한·중·일 공동어업관리 방안 연구』. 한국해양수산개발원.

정봉규·최정호·임석원. 2014. 「불법 어업에 대한 해상 집행기관의 역할 및 방향」. ≪수산해양교육연구≫, 26권 4호, 769~788쪽.

조희곤. 1979.2.8. "약초 캐러간 한마을 주민, 무인 도서 절망 19일", ≪경향신문≫, 7면.

≪조선일보≫. 1979.2.9. "초조한 나날 약속한 배는 안 오고," 6면.

≪중앙일보≫. 1979.2.10. "배 안 보낸 선주 구속-무인도 조난," 7면.

≪중앙일보≫. 1979.2.13. "약초상 구속," 7면.

최우진·김현표. 2015. 「LTE 이동통신의 이해」. ≪정보와 통신 열린 강좌≫, 32권 9호, 별책 1호, 27~35쪽.

최재영. 2016. 『동해안 주상절리 분포와 활용 방안: 경북 및 울산지역을 중심으로』. "환황해권(環黃海圈) 해양교류와 미래" 발표자료(2016년 제7회 전국해양문화학자대회), 186~194쪽.

최지연 외. 2017.3. 「전국 해양수산 가치 공유로 지역 상생발전시대 막 열어: 2017 전국 해양수산 대토론회 성황리에 개최」. ≪KMI 동향분석≫, 통권 제18호. 한국해양수산개발원.

최지연·황재희·전현주. 2018.6. 「6.13 지방선거 이후, 지역 해양수산 정책 대응 필요」, ≪KMI 동향분석≫, 통권 제86호. 한국해양수산개발원.

최홍길. 2016.7.7~10. 『독도교육 이렇게 하면 더 효과적』. "환황해권(環黃海圈) 해양교류와 미래" 발표 자료(2016년 제7회 전국해양문화학자대회 제10분과 "도서해양의 법과 정책"). 전국해양문화학자대회 조직위원회.

편집부. 1986. 「북괴의 대남 도발 주요 일지」. ≪군사≫, 12호, 240~265쪽.

편집부. 2010. 「섬은 한 편의 시다」. ≪시안≫, 13권 2호, 28~45쪽.

태안군. 1995.12.15. 『태안군지』. 충남 태안군.

태안군지편찬위원회. 2012. 『태안군지 1. 삶의 터전과 역사』. 태안문화원.

태안군지편찬위원회. 2012. 『태안군지 5. 지명과 마을이야기』. 태안문화원.

한국문화상징사전편찬위원회. 1996. 『한국문화상징사전』. 동아출판사.

≪한국일보≫. 1979.2.9. "약속한 배 안 보낸 선주 수배," 7면.

한국해양수산개발원. 2017.7.4. 「연안 실태에 관한 기초 조사」.

한국해양수산개발원. 2018.1. 「격렬비열도 종합관리방안 연구」. 충남태안군.

한상복·전경수. 1977. 「격렬비열도의 인류학적 조사보고: 도민(島民) 생활의 사회문화적 특성」. ≪한국자연보존협회 조사보고서≫, 12호. 131~155쪽.

한정훈. 2016. 「조선시대 조운제 연구 동향과 전망」. "환황해권(環黃海圈) 해양교류와 미래" 발표 자료(2016년 전국해양문화학자대회 제2분과 "항로와 해역, 그리고 경계"). 159~164쪽.

함성호. 2002. 「한 낭만주의자의 기억: 박정대 시집 "내 청춘의 격렬비열도엔 아직도 음악 같은 눈이 내리지"」. ≪문학과 사회≫, 15권 1호, 394~396쪽.

해양경찰청 군산해양경찰서. 2019.11.15. 「정보공개 청구 답변서」(접수번호 6162452).

한국해양재단해양교육포탈. https://www.ilovesea.or.kr/main.do.

허균. 1991. 『전통미술의 소재와 상징』. 교보문고.

허혜정. 2001. 「계간리뷰 새 시집: 박정대 시집 "내 청춘의 격렬비열도엔 아직도 음악같은 눈이 내리지"」. ≪시안≫, 4권 4호, 269~269쪽.

홍순일. 2007. 「서해 바다 황금 갯벌의 구비 전승물과 해양 정서」. ≪도서문화≫, 30집, 287~335쪽.

홍태한. 2006. 「서해안 풍어굿의 양상과 특징」. ≪도서문화≫, 28집, 569~600쪽.

구사노, 다쿠미(草野巧). 2001. 『환상동물사전』. 송현아 옮김. 들녘.

핸드, 데이비드(David J. Hand). 2014. 『신은 주사위 놀이를 하지 않는다: 로또부터 진화까지, 우연한 일들의 법칙』. 전대호 옮김. 더퀘스트.

上田常一. 1941. 『朝鮮産 甲殼十脚類の硏究 第一報: 蟹類』. 朝鮮水産會.

Glasfurd, Guinevere. 2017.2.6. "Authorsonlocation: 1600s Amsterdam, Descartes and More." https://www.thebooktrail.com/authorsonlocation-1600s-amsterdam-descartes/(검색일: 2019.7.28).

International Plan of Action to Prevent. "Deter and Eliminate Illegal." Unreported and Unregulated Fishing §3.1.

연구에 도움을 주신 분들

가의도 마을 주민 여러분

김달래 가수님(가요 앨범 〈내 사랑 격렬비열도〉 발매)

김동익 님(1978년 동격렬비도 조난 사건 당시 생존자)

김종욱 박사님(KBS)

국방부와 해군본부

국회 국토교통위원회

국회 농림축산식품해양수산위원회

국회도서관 사서님들

나태주 시인님(풀꽃시인, 공주풀꽃문학관 대표)

동격렬비도 원소유주 이하진 씨 따님 이○○ 님

민음사 박혜진 님

박정대 시인님(시집 『내 청춘의 격렬비열도엔 아직도 음악 같은 눈이 내리지』의 저자)

북격렬비도 대산지방해양수산청 등대원분들

서격렬비도 소유주 이○○님, 전 소유주 홍○○ 님

안면도(태안군 안면읍) 정당1구 김경배 이장님

안면도(태안군 안면읍) 정당2구 최종석 이장님

안면도(태안군 안면읍) 승언1구 임광호 이장님

안면도(태안군 안면읍) 승언8구 서동철 이장님

안면도 각 마을 주민 여러분

언론인 조희곤님(전직 문화방송(MBC) · 경향신문 기자)

원영림 공인중개사님(서울시 용산구 이촌1동 한국부동산 대표)

21세기유람선(안흥항) 대표 김귀동 님

충남도청 황은성 해운항만과 섬발전팀장님

충남도청 이향미 섬발전팀 주무관님
태안군립도서관 김애정 사서님
태안군청 가세로 군수님
태안군청 조규성 전략사업단장님
태안군청 한상문 전략1팀장님
태안군청 문화관광과 박향규 님
태안군청 해양산업과 해양항만팀 고대균 주사님
태안군청 '태안격비호'(어업 지도선) 이주봉 선장님
태안군청 '태안격비호' 문우정 1등 항해사님과 항해 요원들
태안군청 박은서 문화관광해설사님
태안 안흥항 '21세기유람선' 김귀동 대표님
해양경찰청 군산해양경찰서 민원실 윤영미 민원실장님
해양경찰청(인천 송도본청) 수색구조과 박세종 경감님
해양경찰청(인천 송도본청) 수색구조과 육지혜 경사님
해양수산부 대산지방해양수산청
해양수산부 대산지방해양수산청 북격렬비도 등대원님들
한국시인협회

지은이

김정섭

김정섭은 충남 서산·태안·당진 해안부대에서 현역병으로 군 생활을 했다. 현재 성신여자대학교 문화산업예술대학원 문화산업예술학과 교수(Ph. D.)로서 문화예술정책, 미디어·엔터테인먼트 산업, 아티스트 경영 분야 전문가다. 같은 대학 미디어영상연기학과 교수와 학과장, 방송영상저널리즘스쿨 원장을 지냈다. 주로 문화예술의 미개척 분야 탐구와 통섭에 집중해 『한국 대중문화 예술사』, 『케이컬처 시대의 배우 경영학』, 『명품배우 만들기 스페셜 컨설팅』, 『우리는 왜 사랑에 빠지고 마는 걸까』(로맨스 심리학), 『한국 방송 엔터테인먼트 산업 리포트』, 『협동조합: 성공과 실패의 비밀』 등의 저서와 번역서 『할리우드 에이전트』를 각각 출간했다. 1995년 LG그룹 공모로 'LG 글로벌 챌린저' 1기에 선정되어 미국 델라웨어와 뉴욕 등지에서 지방정부의 재정자립도 확보 방안을 연구했다. 언론인 시절인 2008년에는 'KBS 장악을 위한 청와대 비밀 대책회의' 특종 보도로 한국기자협회와 한국언론진흥재단이 공동 선정하는 '2008년 한국기자상'을 수상했다. 2019년에는 한국엔터테인먼트산업학회 '우수논문상'을 받았다. 저서 『케이컬처 시대의 배우 경영학』은 2015년 '대한민국학술원 우수학술도서'로, 번역서 『할리우드 에이전트』는 2019년 '세계일보·교보문고 올해의 책'으로 각각 선정됐다.

학계 입문 전에는 ≪경향신문≫ 정치·경제·사회·문화·미디어·기획취재부 기자로 15년간 일했다. 현재 한국언론학회, 한국방송학회, 한국예술교육학회, 글로벌문화콘텐츠학회 등의 회원, 한국엔터테인먼트산업학회 이사, 한국방송정책원(KTV) 방송자문위원으로 활동하고 있다. 문화체육관광부와 보건복지부 산하 대한결핵협회의 자문위원, 인사혁신처·환경부·고용노동부 정책홍보 평가위원을 지냈다.

lakejs@naver.com

한울아카데미 2242

함께 가요, 함께 가꿔요, 함께 지켜요

격렬비열도

서해 끝단 무인도 문화·관광·생태·안보 콘텐츠 연구

ⓒ 김정섭, 2020

|지은이|　　김정섭
|펴낸이|　　김종수
|펴낸곳|　　한울엠플러스(주)
|편　집|　　이동규·최진희

|초판 1쇄 인쇄|　2020년 9월 　7일
|초판 1쇄 발행|　2020년 9월 17일

|주　　소|　　10881 경기도 파주시 광인사길 153 한울시소빌딩 3층
|전　　화|　　031-955-0655
|팩　　스|　　031-955-0656
|홈페이지|　　www.hanulmplus.kr
|등　　록|　　제406-2015-000143호

Printed in Korea.
ISBN 978-89-460-7242-8 93980 (양장)
　　　 978-89-460-6941-1 93980 (무선)

* 책값은 겉표지에 표시되어 있습니다.